주홍거미 연구

주홍거미 연구

초판 1쇄 | 2017년 10월1일

지은이 | 김주필 · 김만용

편 집 | 강완구
디자인 | 임나탈리야

펴낸이 | 강완구
펴낸곳 | 써네스트

출판등록 | 2005년 7월 13일 제2017-000025호
주 소 | 서울시 양천구 오목로 136, 302호
전 화 | 02-332-9384   **팩 스** | 0303-0006-9384
이메일 | sunestbooks@yahoo.co.kr
ISBN 979-11-86430-53-8 (93490)   값 18,000원

정성을 다해 만들었습니다만, 간혹 잘못된 책이 있습니다. 연락주시면 바꾸어 드리겠습니다.

이 도서의 국립중앙도서관 출판사도서목록(CIP)은 서지정보유통지원시스템 홈페이지(http://seoji.nl.go.kr)와 국가자료공동목록시스템 (http://www.nl.go.kr/kolisnet)에서 이용하실 수 있습니다. (CIP제어번호 : CIP 2017023252)

주홍거미 연구

김주필, 김만용 지음

씨네스트

서론

한국산 거미에 대한 연구는 1907년 독일의 스트랜드(E.Strand)가 "Süd-und Ostasiatisch Spinnen"이라는 논문에서 수리거미과의 넓적니거미 (Gnaphosa Korea – Gnaphosa sinensis, 중국 넓적니거미)를 발표한이래 2015년 현재까지 48과 281속 795종이 한국에 서식 분포하고 있는 것으로 조사 보고 되고 있다.

한국의 거미학 연구는 20여년 사이에 장족의 발전을 해왔으며 연구사는 다음과 같이 정리 할 수 있다.

제1기는 1907년부터 1945년 사이로 독일, 일본의 연구와 한국의 백갑용 교수의 연구가 이루 어졌던 시기이다.

제2기는 1946년부터 1984년 사이로 일본의 거미학과 더불어 백갑용, 남궁준 선생님의 연구 로 이어졌다.

제3기는 1985년부터 2009년까지로 필자 중 한 명인 김주필이 자비로 사단법인 한국거미연구 소를 설립하고 활발하게 연구를 진행하던 시기이다. 이전까지는 한국거미의 종수가 172종으로 알려졌는데 그 종을 45과 211속 568종까지 밝혀냈다.

제4기는 2010년부터 현재까지로 김주필의 정년퇴임 후 한국거미학 발전을 확대하기 위하여 한국거미연구회를 설립하여 초·중·고·대학·일반인까지 확대하여 회원들의 적극적인 연구를 독려하면서 신종과 미기록종을 계속 발굴해온 시기이다. 그 결과 현재 48과 281속 795종까지 조사 발표되었다.

한국거미학의 미래는 매우 밝다. 앞으로는 여러 종의 각각의 거미의 생태학적 특성들의 연구를 활발히 해야 할 것 같다. 그 첫발을 내딛고자 이 연구서를 편집하게 되었다. 그 첫 번째 연구 대상을 우리는 주홍거미로 설정하였다.

이 책은 두 부분으로 나누어져 있다. 제1부는 주홍거미의 생태를 중심으로 한 전반적인 연구이고 2부는 주홍거미의 분포지역을 중심으로 한 연구이다.

아무쪼록 이 연구가 한국거미연구의 초석이 되기를 기대하며, 또 훌륭한 과학탐구의 지침서가 되기를 기대한다. 연구 동기 및 목적은 멸종위기후보종 주홍거미(Ereus cinnaberinus Walckenaer, 1805)는 세계 동물 분포구로 볼 때 구북구 만주아구의 경계를 나타내는 지표종으로써 우리나라에서는 1종만 존재하는데 그 생태가 거의 연구되지 않은 채 사라지고 있어서 그 서식과 생태적 특성을 밝혀 종 보존을 위한 기초자료를 제시하고자 한다. 연구의 내용을 간단하게 정리하면 다음과 같다.

가. 외형적 특징 연구: 새끼는 진회색으로 암수의 구별이 어렵다. 수컷은 배등면이 주홍빛이고, 머리 부분이 특히 융기하여 뒤쪽으로 갈수록 급경사를 이루며, 4개의 큰 검정 색의 무늬를 가지고 있다. 암컷은 검은색이고 2배 정도 크며, 작은 4쌍의 근육점을 가짐. 3개의 발톱이 있는 다리는 짧고 굵으며, 마디마다 흰색의 털이 있고, 수컷의 거미줄판은 퇴화된다.

나. 구혼 및 짝짓기 연구: 수컷은 5월 5일에서 6월 29일까지 암컷을 찾아 떠돌아다닌다. →암컷을 발견하면 두 다리를 들어 춤을 춘다. →일몰이 되면 암컷에게 다가가서 거주지를 떠받들고 있는 수풀로 들어가 암컷의 반응을 기다린다. →짝짓기 후 밖으로 나온다. →수컷 죽는다.

다. 산란과 부화 연구: 산란 시기는 6월 중순에서 7월 초순(장마철을 피해서)이 일반적이나 10월 중순에도 발견되기도 한다. 알은 한 번에 200여 개를 낳는다. 알주머니는 지름이 1 cm인 흰색의 원반형(영월: 구형)으로 거주지 내의 위치는 각기 다르다.→알을 다리로 꼭 품고 있으며, 맑은 날 출입구를 크게 하여 빛을 쬐여 준다.→산란 후 15~20일이 되면 부화한다.

라. 주홍거미의 서식과 생태 연구: 이 부분에 대한 연구는 총 7가지로 나누어서 폭넓게 살펴볼 것이다. 그것은 다음과 같이 정리할 수 있다.

1) 분산: 1~2 mm쯤 되는 새끼 거미는 알주머니를 뚫고 나왔다들어갔다하며 모여 살다가 다음 해 3월 초 5회 정도 탈피를 하여 3~5 mm(개체변이)정도의 크기가 되고, 20℃가 넘으면 높은 곳으로 올라가 유사비행을 통해 퍼져서 독립생활을 한다.

2) 거주지: 지금까지 거주지에 대한 보고가 없었던 바, 형태학적으로 뜬천막형, 뜬좌판형, 뜬굴뚝형, 뜬쌍굴뚝형 4가지로 분류한다.→죽은 띠풀, 갯그령, 억새, 솔잎 등의 위에 떠있는 지상부는 방수, 자외선 차단, 자기 보호(은신), 산실과 탈피실, 먹이 유인 기능을 한다.

땅속 지하부(굴)는 여름으로 갈수록 최대 18cm까지 깊어지고, 사구 경사면에 수직으로 판다→사구 내 위치별로 보면 사구 정상과 바로 아래 쪽, 남동에서 남서쪽 사이의 12° 이내의 경사진 햇살이 잘 드는 곳 선호한다.→바람에 들어간 모래 제거와 성장하면서 살 공간 확보를 위해 거미줄에 모래를 묻혀 파낸 후 쌓아놓는다(거주지의 지탱, 은신, 습도 조절, 탈출구, 알의 부화 온도 유지).→거주지의 안쪽 거미줄만 점성이 있고, 생명줄은 낙하용으로만 사용한다.→2~5개의 출입(탈출)구(먹이는 들어오는 곳, 천적으로부터는 탈출구 기능)가 있다.→출입구를 막는다(비올 때, 겨울, 산란 시, 탈피 시).

3) 탈피와 성장: 탈피 전 거주지 구멍 모두 막는다.→전후 2~3일 동안 움직이지 않는다.→밤에 한다.→탈피각(암컷: 거주지 밖에 부착, 수컷: 거주지 내부에 방치)→마지막 탈피

(수컷:17개월, 암컷: 39개월이 지난 4월 초)→마지막 탈피 후(수컷: 주홍색, 암컷: 윤기가 나는 검은색)→짝짓기. 수컷이 일몰 전 사라지는 이유는 먹이잡이와 천적에 대한 자기 방어를 위해서 이다. 암컷이 밖으로 나오는 경우는 먹이잡이, 비온 후 체온 조절, 거주지의 보수·보완할 때이다.

4) 먹이잡이: 식물체의 진동→기초실과 설렁줄의 진동→거주지의 진동→먹이나 천적의 감지 등의 신호전달체계 확립한다. 새끼의 경우는 두 마리가 앞뒤에서 공격→여러 마리가 다가와서 구형으로 감싸고 물어뜯는다. 성체의 경우는 습격하거나 북을 치듯 진동 이용 →먹이에 따라 거주지의 형태도 변화시킨다.

5) 고온일 때와 겨울나기: 고온일 때: 비온 후 맑은 날 체온조절을 위해서 수컷은 수풀 위로 올라가고 암컷은 사구 표면에 누워 잠을 잔다. 겨울나기: 모든 출입구를 막는다→거주지에 하얀 색의 솜털 같은 거미줄로 가득 채워 보온 및 외부충격으로부터 보호한다.

6) 적으로부터 자기 보호: 강력하고 큰 턱, 사물을 볼 수 있는 눈, 빠른 다리, 거미줄과 유사한 죽은 식물체의 이용, 견고하고 조밀한 거주지, 땅속의 굴, 2개 이상의 탈출구, 솜털 같은 흰색 거미줄, 모래달린 거미줄, 사체가 부착된 거미줄 등을 이용해서 자신을 보호한다.

7) 주홍거미가 사라지는 이유와 생태 지도: 사라지는 이유는 홍수로 인한 침수와 침몰, 개발에 의한 서식환경의 파괴 등에 의해서 이며 현재 서식지는 신두리 해안 사구와 강원도 영월 두 곳이 확인되었다.

연구의 결과 구북구의 만주아구의 지표종이며 생물자원으로써 가치가 중요한 주홍거미는 서식지와 생태에 대한 구체적인 조사를 통하여 멸종위기종으로 지정되어 꼭 보호되어야한다. 본 연구가 거미를 연구하는 사람이나 보호를 위한 자료로 많은 활용이 기대된다.

차례

2부 주홍거미 여지도

1부 주홍거미 연구

Ⅰ. 연구 동기 및 목적

1. 연구 동기

주홍거미는 배등면이 주홍색을 띠고 있는 너무나 아름다운 거미이다. 예전에는 많이 발견되었지만, 최근 들어서는 보기 드물어졌고, 멸종위기후보종(種)으로서 생태가 밝혀진 것이 전혀 없는 종이다. 저자 등은 2008년 서해안 태안 신두리 해안사구를 방문한 적이 있고, 바로 거기서 이 아름다운 주홍거미를 발견하게 되었다. 실제로 이 주홍거미는 우리나라에서 유일하게 1종만 존재하는 주홍거미(Ereus cinnaberinus Walckenaer, 1805)였다.

한국의 주홍거미에 대한 연구 자료들을 살펴보았지만 앞에서도 이야기했듯이 지금까지 그 생태에 대한 연구는 거의 이루어지지 않은 상태였다.

저자 등은 주홍거미에 대한 연구를 본격적으로 하여서 그 생태를 밝히고자 하였다.

세계동물분포 지역은 구북구, 신북구, 동양구, 이디오피아구, 오스트레일리라구, 신열대구로 나누어진다. 이 중에서 구북구를 북유럽아구, 지중해아구, 시베리아아구, 만주아구로 나누는데 만주

연구를 하게된 수컷 주홍거미

아구를 경계하는 경계에 살고 있는 지표종인 주홍거미는 전 세계적으로 10속 103종이 존재하지만 한국에는 1과 1속 1종이기 때문에 종 보존 가치가 매우 높다.

2. 연구 목적

- 주홍거미의 생활사 및 그 특성을 밝힌다.

- 주홍거미의 종 보존을 위한 생태 기초자료를 제작한다.

- 주홍거미의 서식환경의 공통된 조건을 추출한다.

- 주홍거미 보호를 위한 학습 자료를 제시한다.

세계 동물지리 분포구

Ⅱ. 선행 연구 자료 조사 및 사전 탐사

 ## 1. 주홍거미에 대한 조사

주홍거미의 분류학적 위치

○ 한국산 거미목의 분류체계(김주필 등, 2005)에는 주홍거미를 아래와 같이 분류하고 있다.

한국산 거미목(Araneae)의 분류체계	
• 동물계	• Animalia
• 절지동물문	• Arthropoda
• 거미강	• Arachnida
• 거미목	• Araneae
• 세실젖거미하목	• Araneomorphae
• 주홍거미과	• Eresidae
• 주홍거미속	• Eresus Walckenaer
• 주홍거미	• Eresus cinnaberinus

주홍거미의 일반적인 특징

몸길이는 암컷 9~16mm, 수컷 8~12mm이다. 암컷은 온몸이 검고 배 윗면에 4쌍의 누런 갈색 근육점이 있다. 수컷은 머리는 검지만 탈피를 마치면 배 윗면이 주홍색이 되고 4개의 크고 검은 무늬가 생기는데, 그 중심에는 갈색의 근육점이 있다. 머리가슴의 앞쪽이 넓다. 수컷은 특히 머리 부분이 높고 그 뒤쪽이 심하게 비탈져서 가슴과의 경계가 뚜렷하지만 가운데 홈은 없다.

야산이나 초원의 건조한 땅 속에 굴을 파거나 바위틈에 집을 짓고 산다. 5~10월에 성체가 되고, 다 자란 수컷은 떠돌이 생활을 한다. 한국 · 중국(동북부) · 남아시아 · 유럽 · 북아프리카 등에는 서식하지만 이웃나라 일본과 호주에는 분포하지 않는다.

땅속에 그물을 치고 사는 거미 조사

○ 인터넷과 우리 고장에 있는 거미들 중에서 땅속과 바위나 나무 틈 사이에 거주지를 만들어 생활하는 거미들을 알아보았다.

고운땅거미

한국땅거미1

한국땅거미2

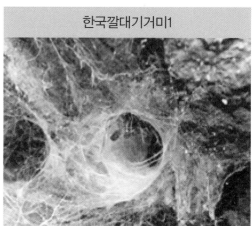
한국깔대기거미1

한국깔대기거미2	너구리거미

선행연구 논문 조사

논문	내용 및 특징
신두리 사구에 서식하는 주홍거미의 생태학적 고찰	• 수컷의 활동 시기 및 시간 • 암컷 주홍거미 서식처 1개체 발견 후 사육 • 짝짓기 및 산란 시기 추정 • 수컷의 활동 시기 및 시간 • 암컷 주홍거미 서식처 1개체 발견 후 사육 • 짝짓기 및 산란 시기 추정

 ## 2. 신두리 해안 사구에 서식하는 식생 조사

○ 신두리 사구에는 갯그령, 해당화, 띠풀, 사초류, 초종용 등이 군락을 이루고 있고, 오랜 동안 보존이 잘 이루어지고 있어 동식물들이 서식하기 좋은 환경인데, 작년부터 사구 복원 사업이 진행되고 있어 현재 주홍거미의 서식지로 확인된 신두리 해안 사구마저 존폐 위기에 있다.

억새

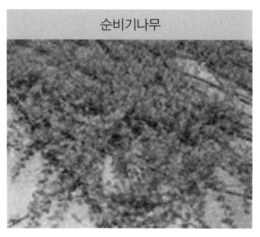
순비기나무

소나무

갯메꽃

모래지치

갯잔디

Ⅲ. 연구의 설계

 1. 제작 기간

가. 연구 기간 : 2009. 05∼2013. 07 (50개월)

나. 연구 절차

제작 일정	제작 과정	세부 실천 내용
• 2009.05 ∼ 2010.05	• 문제 인식	• 주홍거미 찾기
• 2009.05 ∼ 2011.05	• 주제 선정	• 주제 선정 • 주제 보완 수정하기
• 2009.05 ∼ 2010.05	• 동기 및 목적 선정	• 동기 선정 • 목적 선정 • 목적 보완
• 2009.05 ∼ 2010.05	• 선행 연구 자료조사	• 인터넷 조사 • 논문 및 선행 작품 조사 • 사전탐사 • 자료 분석
• 2009.05 ∼ 2010.05	• 작품 제작 설계	• 장소 선정 • 탐구과제 선정 • 탐구 실험 준비
• 2009.05 ∼ 2013.07	• 제작 내용 및 방법	• 내용 흐름도 세부사항 작성 • 탐구 방법 구상하기 • 내용 및 방법 보완하기
• 2012.05 ∼ 2013.07	• 결과 분석 및 자료해석	• 결과 분석하기 • 자료 해석하기
• 2013.04 ∼ 2013.07	• 결론 도출 및 검증	• 결론 도출 및 검증 • 보완 수정하기
• 2013.05 ∼ 2013.07	• 보고서 작성 및 보완	• 보고서 작성 및 보완
• 2013.07 ∼	• 대회 준비 및 참가	

2. 저자만의 독특하고 참신한 아이디어 창출

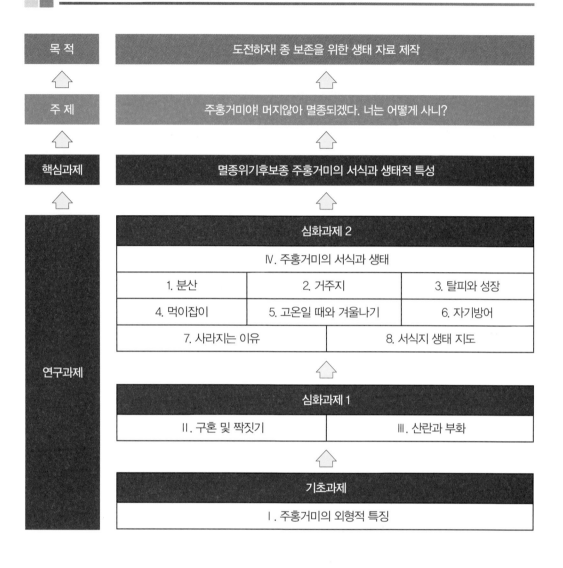

| 목 적 | 도전하자! 종 보존을 위한 생태 자료 제작 |

⇧

| 주 제 | 주홍거미야! 머지않아 멸종되겠다. 너는 어떻게 사니? |

⇧

| 핵심과제 | 멸종위기후보종 주홍거미의 서식과 생태적 특성 |

⇧

연구과제

| 심화과제 2 |
| IV. 주홍거미의 서식과 생태 |
1. 분산	2. 거주지	3. 탈피와 성장
4. 먹이잡이	5. 고온일 때와 겨울나기	6. 자기방어
7. 사라지는 이유	8. 서식지 생태 지도

⇧

| 심화과제 1 |
| II. 구혼 및 짝짓기 | III. 산란과 부화 |

⇧

| 기초과제 |
| I. 주홍거미의 외형적 특징 |

3. 연구과제 선정 및 세부 흐름도 작성

순서	일정	연구 과제	세부 내용
1	• 2009.05 ~ 2009.06	Ⅰ. 외형적 특징	• 새끼의 외형적 특징 • 암수의 외형적 특징
2	• 2009.05 ~ 2013.07	Ⅱ. 구혼 및 짝짓기	• 암수의 구혼 행동 • 짝짓기
3	• 2009.05 ~ 2013.07	Ⅲ. 산란과 부화	• 산란 시기 • 알의 색, 크기, 크기 • 알주머니의 색, 모양, 위치 • 알주머니의 보호 행동 • 부화 시기
4	• 2009.05 ~ 2013.07	Ⅳ. 주홍거미의 서식과 생태 Ⅳ-1. 분산	• 분산 시기 및 방법
5	• 2009.05 ~ 2013.07	Ⅳ. 주홍거미의 서식과 생태 Ⅳ-2. 거주지	• 거주지의 분류와 자연환경 • 거주지의 방위각과 고도 • 거주지의 각 거미줄의 특성 • 거주지에 붙어있는 모래 특성
6	• 2009.05 ~ 2013.07	Ⅳ. 주홍거미의 서식과 생태 Ⅳ-3. 탈피 및 성장	• 암수 탈피와 성장
7	• 2009.05 ~ 2013.07	Ⅳ. 주홍거미의 서식과 생태 Ⅳ-4. 먹이잡이	• 발견된 먹이들의 특성 • 분산 전·후의 먹이잡이 • 성체 암·수컷의 먹이잡이
8	• 2009.05 ~ 2013.07	Ⅳ. 주홍거미의 서식과 생태 Ⅳ-5. 고온일 때와 겨울나기	• 비올 때의 행동 특성 • 겨울나기 행동 특성
9	• 2009.05 ~ 2013.07	Ⅳ. 주홍거미의 서식과 생태 Ⅳ-6. 적으로부터 자기 방어	• 무장 • 의장 • 의태 • 강직 • 도주
10	• 2009.05 ~ 2013.07	Ⅳ. 주홍거미의 서식과 생태 Ⅳ-7. 사라지는 이유	• 사라지는 이유 분석
11	• 2013. 07 ~	Ⅳ. 주홍거미의 서식과 생태 Ⅳ-8. 서식처 생태 지도	• 서식처 자료 수집과 분석

Ⅳ. 연구 방법 및 내용

우선 9개 탐구과제를 선정하여 2009년부터 거미들의 기초생태조사를 바탕으로 설계를 한 후 다음과 같은 과정으로 연구하였다.

1. 연구지역 선정

가. 장소 선정 배경 및 과정

• 주홍거미 수컷이 4월부터 7월 사이에 발견된다는 정보를 습득한 후, 서·태안에 분포하고 있는 사구 지형과 신두리 해안사구를 중심으로 2009년부터 연구를 시작하였다. 주민들에게 주홍거미 수컷의 사진을 보여주면서 본 적이 있는지 질문도 해보았다.

• 생태탐사를 다니던 한서대학교 생물학과 대학원생들로부터 몽산포 포구 근처에서 2005년 경 보았다는 이야기를 듣고 조사를 하였지만 발견할 수 없었다.

• 우리나라에 서식하는 주홍거미의 생태지도를 만들고자 인터넷에 올라온 주홍거미 사진들을 본 후, 사진을 찍은 곳을 알려달라고 메일을 보냈지만, 뚜렷하게 알려주는 사람이 없어, 1시간 정도 걸리지만 그래도 가까운 신두리 해안 사구를 연구 지역으로 선정하였다.

• 3년 동안 신두리 해안사구를 돌아다니면서 개미지옥에 빠져서 죽은 주홍거미 사체들, 수컷들의 이동 경로를 바탕으로 대략적으로나마 선정할 수 있었다.

• 사구가 너무 넓고 서식 환경을 전혀 모르는 상황에서 거주지를 찾는데 어려움을 느껴, 2012년 6월 5일부터 한국거미연구소, 거미사랑 동아리(Dr. Spider) 학생들과 함께 2박 3일 일정으로 탐사하였다.

• 이 때 거주지 2개체를 어렵게 찾았고, 그 자연 환경을 중심으로, 그 동안 가장 수컷이 많이 출현했던 C지역을 조사하여 수컷 5마리, 암컷 2마리를 채집하여 한국거미연구소에 모두 기증하였다.

• 그 후 수컷이 자주 출몰하던 지역을 중심으로 암컷 4개체가 지닌 자연 환경을 기초로 하여 30만평이나 되는 사구 전 지역을 샅샅이 수풀들을 헤치며 조사한 결과 37개체를 찾았으며, 곤충들의 생태 연구와 가이드를 하시는 성○○선생님으로부터 강원도에 서식하는 주홍거미 서식지를 알게 되어, 강원도 영월에서 12개체를 찾을 수 있었다.

나. 신두리 해안사구와 강원도 영월의 주홍거미 거주지의 위치

4년 동안 주홍거미가 발견된 신두리 해안 사구 내의 위치	
위 치	개 체 수
A	7
B	7
C	3
D	6
E	14
합 계	30
발견되지 않은 곳	
• 바닷가 쪽 사구 • 키 작은 해당화 군락지 • 소나무 숲 속 • 너무 우거진 사초들과 갯그령, 띠풀 속	

강원도 영월	
개체수	12

발견되는 곳

- 식물체: 잔가지와 떨어진 낙엽, 죽은 수풀과 솔잎

- 지형: 크고 작은 자갈이 조금 섞여있는 황토

- 주홍거미는 해안사구 및 강원도 영월 지역 내에서 어느 특정 지역을 중심으로 여러 개체가 발견되는 집단생활(colony)을 하였다.

2. 주홍거미의 거주지 위치 추적 및 채집 방법

가. 수컷 주홍거미 추적 및 채집 방법

1) 수컷 주홍거미 추적 방법

• 주홍빛을 띠고 있을 때, 관찰이 용이하여, 사구 내를 이동하면서 발견되는 곳을 표시할 수밖에 없었다(위 그림에서 번호 있는 곳).

2) 수컷 주홍거미 채집 방법

• 가능한 종 보존을 위해 3년 동안은 그대로 두고 관찰하였으며, 개미지옥에 빠져서 개미귀신이 먹고 버린 사체들은 보이는 대로 표본병에 담아서 왔다.

• 2012년에 수컷 6마리를 직접 잡아 3마리는 한국거미연구소에 기증하고, 3마리는 과학실에서 사육하였다.

나. 암컷 주홍거미 추적 및 채집 방법

1) 암컷 주홍거미 추적 방법

• 2009년부터 수컷들의 움직임을 관찰하여 출현의 빈도가 높은 곳과 개미지옥에 빠져 개미귀신의 먹이가 된 후 버려진 사체들의 위치를 중심으로 조사하였지만 그물 형태를 모르고 있어서 찾기가 보통 어려운 것이 아니었다.

• 그래서 주홍거미의 수컷들의 이동과 개미지옥에 빠져죽은 사체들의 좌표로 찍어서 그 방향성과 주변의 식물을 고려하여 추적하였다.

• 거주지 두 곳을 발견한 후부터는 석양빛의 반사를 이용하고, 비가 내릴 때 비에 젖어서 짙어

보일 때(비 내린 후 2시간 이내 잘 보임)를 이용하여 찾았다.

2) 암컷 주홍거미 채집 방법

• 2012년 그대로 두고 관찰하다가, 사구복원사업으로 인해 굴삭기로 뒤집고 있다는 연락을 우연히 받고, 6마리를 삽으로 파서 채집하였다.

다. 새끼 주홍거미 위치 추적 및 채집 방법

• 새끼 주홍거미는 아주 맑은 날 암컷 거주지의 수풀 사이에서 몇 마리씩 놀고 있는 것을 발견하였지만, 보호를 위해 채집하지 않고 그대로 두고 조사하였다.

라. 연도별 발견한 주홍거미의 수

연도 주홍거미	2009	2010	2011	2012	2013	
	신두리	신두리	신두리	신두리	신두리	영월
수컷(마리)	4	17	18	24	6	0
암컷(마리)	0	0	4	30	7	12
합 계	4	17	22	54	13	12

 ## 3. 주홍거미의 사육 방법

○ 채집한 주홍거미는 맑은 날 신두리 해수욕장 모래사장의 모래와 채집한 거미의 식생을 고려하여 사육 상자와 어항에 환경을 조성한 다음 사육하였다.

가. 주홍거미 사육

• 먹이는 처음에는 채집망으로 저수지 언덕에서 채집하여 직접 공급해주었지만, 겨울에는 밀웜

(mealworm)과 귀뚜라미를 사서 공급하여 주었다.

• 물은 1주일에 한 번씩 스프레이로 모래가 젖을 만큼 충분히 뿌려주었다.

나. 새끼 주홍거미 사육

• 5 mm 이하의 밀웜(mealworm)을 사서 거미줄에 핀셋으로 직접 걸쳐주기를 하였는데 바닥에 떨어진 것은 모래 표면에서 생활하는 새끼들을 위해 그냥 두었다.

• 물은 2주일에 한 번씩 스프레이로 모래가 젖을 만큼 충분히 뿌려주었다.

주홍거미 사육

새끼	암컷	수컷

4. 실험 및 촬영 장비 준비

가. 실험 재료

• 채집통   • 채집망   • 어항   • 사육 상자 • 자외선 조사카드

• 눈금종이 • 덮개유리 • 유리테이프 • 쪽가위   • 핀셋

나. 실험기구 제작 및 준비

기구 명	모델명
• 멀티영상실체현미경	• MST-M300A
• 멀티영상생물현미경	• MST-M1500A
• 나침반	• Ø60mm, 8방위 표시
• 디지털 온습도계	• HS 30TR
• 루페	• 8배율
• 디지털용 버니어캘리퍼스	• 오차범위: 0.01mm
• 돋보기	• 8배율
• 조도계	• LX-101 LUX METER
• 고도 측정기	• 자체 제작
• 자외선 차단 실험 키트	• 자체 제작

다. 촬영 장비

촬영 장비	모델명
• 사진기	• 니콘
• 캠코더	• 삼성
• 내시경카메라	• Ø9mm

Ⅴ. 연구 과정 및 결과

『주홍거미야! 머지않아 멸종되겠다. 너는 어떻게 사니?』란 주제의 작품은 다음과 같은 과정을 통하여 제작하였다.

연구과제 I

"주홍아! 주홍아! 뭐하니?" "외형적 특징" 연구

○ 주홍거미의 생김새는 육안 관찰법 및 멀티영상현미경으로 관찰하였다.

1. 연구 방법

• 거미의 크기 측정: 디지털용 버니어캘리퍼스로 측정한다.

• 거미의 외형적 특징 조사: 돋보기, 루페, 멀티영상현미경으로 조사한다.

2. 연구 결과

가. 새끼의 모습

구분	전체	머리가슴	배
모습			
크기(mm)	1~1.2	0.3~0.4	0.7~0.8
체색	옅은 진회색	옅은 진회색	옅은 진회색

특징	• 생식기의 미분화로 성체와 닮았지만, 암수 구별이 어려움

나. 수컷의 모습

구분	전체	측면	배면
모습			
	머리가슴	배	눈

다. 암컷의 모습

구분	전체	측면	배면
모습			
	머리가슴	배	눈

구분		암컷	수컷
체장(mm)		18~22	8~11

머리가슴	머리	• 색: 검은색
		• 눈: 8개의 홑눈(검정색)
		  −앞가운뎃눈: 가장 작음　　　−뒷가운데눈: 가장 큼
		  −뒷줄옆눈: 멀리 떨어져 있음
		−배열: 4 · 2 · 2(3열 구조)
		• 큰턱(검정색): 작은 돌기, 앞두덩니 1개, 털다발이 있음
		• 아랫입술(검정색): 세로로 길며, 안으로 기울어져 있음	

			• 모양: 앞쪽이 짧고 넓음 • 구기: 곤봉 모양
	가슴	• 가슴판: 길고 좁은 방패 모양	
배		• 모양: 넓적한 타원형 • 짧은 털이 빽빽하고 가슴 아래를 짓누르는 형상 • 배 아랫면: 검정 • 배 뒤쪽: 흰 점무늬가 있음 • 앞거미줄 돌기: 굵고 길음 • 뒷거미줄 돌기: 작지만 뚜렷함 • 항문 돌기: 짧지만 잘 발달됨	
		• 온몸이 검고 황갈색 근육점이 4쌍 • 거미줄판: 두 조각	• 온몸이 검고 검은색 점무늬 4~6개 있음 (짝짓기 때 주홍색) • 거미줄판: 퇴화
다리		• 모양: 짧고 굵음 • 각 마디 끝 부분에 흰색의 털이 있음 • 발톱: 3개 • 더듬이 다리 : 갈고리 • 셋째다리 발목마디: 빗털이 있음	

3. 알아낸 점

• 새끼는 진회색으로 성체와 닮았지만, 생식기가 미분화 상태로 암수의 구별이 어려웠다.

• 성체의 경우 수컷은 배등면이 주홍빛이고, 머리 부분이 특히 융기하고, 뒤쪽으로 갈수록 급경

사를 이룬다.

• 암컷은 검은색이고 수컷보다 2배 정도 더 컸다. 근육점은 수컷은 4개가 크고, 2개는 작거나

없는 것도 있으며, 암컷은 작은 4쌍으로 이루어져 있다.

• 3개의 발톱을 가진 다리는 짧고 굵으며, 각 마디 끝부분에는 흰색의 털이 나 있다.

• 거미줄판은 암컷에게는 있지만 수컷은 퇴화되어 없다.

• 강원도 영월의 주홍거미는 크기가 약 1.5 cm 정도로 작고, 체색은 갈색을 보였다. 이는 개체

변이에 의한 것으로 사료된다.

 ## 연구과제 Ⅱ

"주홍아! 주홍아! 뭐하니?" "구혼 및 짝짓기" 연구

○ 주홍거미의 구혼 및 짝짓기는 연구지에서 직접 관찰법으로 실시하였다.

1. 연구 방법

• 암컷과 수컷의 구혼 및 짝짓기의 행동 특성을 관찰하고 동영상을 분석한다.

2. 연구 결과

암컷 거주지 주변	거주지로 들어감	거주지에서 나감

암컷 거주지에서 나옴	자극 제거 후 다시 내려옴	암컷에게 들어감

3. 알아낸 점

• 주홍색이 된 수컷들은 5월 5일부터 6월 29일까지 암컷을 찾아 돌아다녔다.

• 암컷 거주지 가까이 있던 수컷은 다른 수컷들이 있을 경우 첫 번째 다리 두 개를 번쩍 들어서 위협 행동을 가해서 작은 수컷을 쫓아 버린다.

• 낮 동안에는 암컷 거주지 주변에 있다가 일몰 시간이 될수록 암컷 거주지 가까이로 이동한다. 이때 조금씩 이동과 멈추기를 반복하여 암컷 출입구 10cm 앞에 도착한 후에도 한참을 기다린다. 이 때 주홍색을 띠고 있는 배등면은 암컷 거주지 출입구 쪽으로 향한다. 안쪽으로 들어간 수컷은 바닥면 아래에 있는 수풀의 틈으로 몸을 숨겼다. 이 때 암컷은 거주지에서 나왔다 들어갔다 한다.

• 암컷 거주지 앞에 도착하면 암컷 거주지를 잡아당겼다가 놓았다가를 반복한다. 또는 암컷 거주지의 설렁줄을 기타를 치듯이 거미줄을 튕겨가면서 암컷에게 신호를 보낸다. 그런 후 하룻밤을 거주지 주변에서 보낸다. 수컷이 암컷을 향해 첫 번째 발가락을 들어 춤을 춘다. 암컷이 나와서 춤을 춘다. 함께 춤을 추기도 한다. 구혼이 성사되면 수컷은 암컷에게 들어가 짝짓기를 한다. 그 소요되는 시간은 한 시간 반에서 약 두 시간 정도 걸리며, 2~3일 동안을 함께 지내면서 약 2~4회 정도 반복한다.

• 거주지에 들어간 수컷은 외부로부터 자극을 받으면 거주지 밖으로 나와서 천적으로부터 위협을 확인한 후 억새의 줄기를 타고 올라가서 가만히 있으면서 시선을 유도한 후, 안전하면 다시 암컷의 거주지 안으로 들어갔다.

• 짝짓기 후 수컷은 밖에서 3~4일 동안 암컷의 거주지를 방어하다가 이동하여 1주일 이내에 죽는다. 이때 주홍빛은 옅어져 있었으며, 몸은 상당히 야위어 있다.

• 일부 주홍거미를 연구하는 사람들에 의하면 수컷이 암컷의 먹이가 된다고 하지만 실내 환경에서 키우다가 먹이 관리 부족으로 인해 잡혀 먹히는 것이 관찰되었을 수는 있겠지만, 연구지에서 채집한 거주지에 붙어있는 먹이 사체들을 조사한 결과 어느 것에도 수컷의 형체는 찾을 수 없었다.

연구과제 Ⅲ

"주홍아! 주홍아! 뭐하니?" "산란과 부화" 연구

○ 신두리 해안사구 복원으로 인해 거주지를 채집해서 알과 부화 특성을 기록한 후 촬영하여 분석하였다.

1. 연구 방법

• 알과 알주머니 측정: 디지털용 버니어캘리퍼스로 측정한다.

• 알과 알주머니 특성: 분산 전·후 거주지를 분해하여 육안, 돋보기, 루페, 멀티영상현미경으로 관찰하였고, 분해한 거주지의 주홍거미는 집에서 사육하며 관찰한다.

• 부화는 실내외를 겸하여 관찰한다.

2. 연구 결과

가. 산란 및 알의 특성

산란		알		
시기	시간	개수	지름(mm)	모양
6월 중순~7월초	0~4	200	0.5	구형

나. 알주머니의 특성

1) 신두리 알주머니

개수	색깔	지름(mm)	두께(mm)	모양
1	흰색	11.6	3	원반형

2) 강원도 영월 알주머니

개수	색깔	지름(mm)	두께(mm)	모양
1	옅은 갈색 짙은 갈색	5.5	5	구형 반구형 양쪽 원추형 (럭비공을 닮음)

다. 알주머니의 위치

굴뚝형의 위치	거주지에 따른 위치

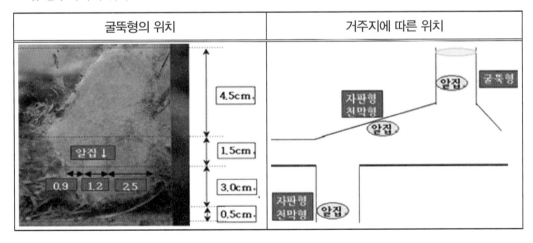

3. 알아낸 점

• 산란

알주머니 한판을 먼저 좌판에 시트(sheet)를 만들어 알을 낳은 후, 거미줄로 조밀하게 쳐서 완성한다. 산란 후 3일 정도 지나면 투명하게 알이 보일 정도이고, 전체를 완성하는 데까지는 약 1주일이 소요된다.

• 알주머니의 특성

① 위치는 천정, 굴뚝의 중간, 지하부의 굴 속 순으로 많았으며, 이는 거미가 판단해서 그 위치를 선정하는 것으로 판단한다.

② 강원도 영월의 알주머니는 크기가 작고 모양이 구형이다.

• 암컷의 알주머니 관리 특성은 다음과 같다.

① 다리로 품고 있다가 닭이 계란을 굴리듯 회전을 시킨다.

② 맑은 날은 거주지의 입구를 뚫어 햇살이 많이 들어오게 한 후, 입구 쪽으로 이동시켜 햇살을 많이 받도록 한다.

③ 외부의 자극을 받으면 안쪽으로 알주머니를 가지고 쏜살같이 들어가 버린다.

• 일반적으로 부화되는 기간은 산란한지 15~20일 후이고, 알주머니에서 탈출하여 거주지 안쪽으로 나오기까지 약 4주 정도 소요된다.

• 부화 시기 전후를 시점으로 하여 암컷은 차츰 흰색의 거미줄로 산실을 채우기 시작한다. 이 흰색 거미줄은 점성이 매우 강하며, 새끼들의 체온 유지 및 외부 충격으로부터 방어, 겨울을 나기 위한 준비 과정으로 사료된다.

• 새끼들을 관리하다가 산란 후 한 달 이내에 죽어 새끼들의 먹이가 된다.

• 10월 중순에도 산란하는 것으로 볼 때 암컷은 저정낭에 보관하였다가 환경 조건이 맞으면 필요시 빼서 산란하는 것으로 사료된다.

연구과제 Ⅳ

"주홍아! 주홍아! 뭐하니?" "주홍거미의 서식과 생태" 연구

○ 서식과 생태는 6가지의 소연구과제로 나누어 진행하였다.

1. 주홍아! 주홍아! 뭐하니? "분산"에 대한 연구

가. 연구 방법

• 분산 특성: 육안 및 디지털용 버니어캘리퍼스로 조사하였다.

• 행동 특성: 캠코더로 촬영하여 동영상을 분석하였다.

나. 연구 결과

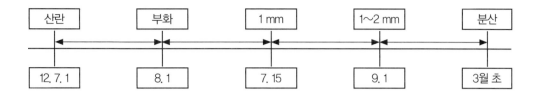

산란		부화		1 mm		1~2 mm		분산
12. 7. 1		8. 1		7. 15		9. 1		3월 초

다. 알아낸 점

• 1회 탈피 후에 알주머니를 크고 튼튼해 보이는 선발대(거미)가 직접 구기로 Ø1.52 mm 찢고 나온다. 이 후 다른 거미들도 나온 후 먼저 뚫고 나오는 거미가 다니는 길을 따라다녔다.

• 이동 시에 거미줄을 항상 묻히고 다녔으며, 2~4마리씩 짝을 짓고 있다가 흩어지고 모이기를 반복하여, 아사회성 거미의 특징을 보이며 생활한다.

• 3월 초 기온이 20℃가 넘으면 서서히 분산하기 시작하며, 크기는 3~5 mm 정도로 개체변이를 보였다.

• 주홍거미들이 분산을 위하여 거주지 바로 곁의 소나무나 억새와 같이 높이가 높은 곳을 선정하는 것은 멀리 퍼지기 위함이다.

2. 그늘 막 텐트를 치고 사는 주홍거미에 대한 연구

○ 새끼들은 과학실과 집에서 사육하면서 직접 육안 관찰을 하였고, 성체들은 사육과 신두리 해안사구의 30곳을 조사하여 분석하였다.

가. 연구 방법

1) 거주지 구조와 장소 선정

• 식물체의 구성, 토양, 위치 및 크기 측정: 육안, 30cm 자로 측정한다.

• 깊이: 띠풀의 이삭줄기를 꺾어서 조심스럽게 넣은 후 지표면까지의 깊이를 측정한 후 30cm

와 비교한다.

- 주향과 경사 측정: 거주지의 입구를 기준으로 나침반과 자체 제작한 고도측정기를 이용한다.

- 거주지의 위치 선정 및 식생 관계: 육안으로 관찰한다.

- 온도 변화: 디지털 온도계를 이용하여 측정한다.

- 자외선 차단, 은신처, 먹이 사냥, 적으로부터 자기 보호 등을 연구한다.

2) 거주지 거미줄의 특성

- 각 거미줄의 점성, 색깔 등의 특성을 관찰한다.

- 주홍거미가 떨어질 때나 이동할 때 뽑아내는 거미줄을 쪽가위로 자른 후, 덮개유리에 조심스럽게 펴서 유리 테이프로 붙여 프레파라트를 제작한다.

- 알주머니, 거주지의 위치에 따라 핀셋으로 거미줄을 잡고 쪽가위로 자른 후, 덮개유리에 조심스럽게 펴서 유리 테이프로 붙여 프레파라트를 제작한다.

- 위 각각의 프레파라트를 멀티영상실체현미경으로 보면서 그 특징들을 기록하고, 촬영 후 사진을 비교 분석한다.

나. 연구 결과

1) 거주지 만들 때의 행동 특성

ㅇ 거주지를 만드는 특성은 과학실과 집에서 사육하면서 사진기와 캠코더로 촬영하여 분석하였다.

가) 새끼일 때

- 거주지를 선정하기 위해서 풀들을 들썩이며 통로를 만든다.

- 주변에 기본틀이 되는 기초실을 식물체의 탄성을 발가락으로 당겨서 거미줄로 부착시킨다.

- 원통형으로 만들어지면 위아래로 오르락내리락 하면서 조밀하게 한다.

• 새끼거미들끼리 서로 협동을 하면서 좌우로 왔다 갔다 하면서 사물체에 거미줄을 부착하여 만들기도 한다. 두 판(앞판과 뒤판)으로 이루어져 있으며, 그 두 판 사이의 안쪽과 바깥쪽에서 생활한다.

나) 성체일 때

• 거주지를 선정하기 위해서 풀들을 들썩이며 통로를 만든다.

• 주변에 기본틀이 되는 기초실을 식물체의 탄성을 이용하여 부착한다.

• 움직일 공간이 확보되면 자리를 선정한 후 모래 속에 굴을 먼저 파기 시작한다.

굴을 팔 때 거미줄에 모래나 아주 작은 풀줄기들을 묻혀가면서 내려간다.

• 몸을 숨길만큼 판 다음엔 주변 식물들을 돌아다니면서 거미줄을 붙인다.

그 다음엔 대략적인 그물을 4번째 다리로 거미줄을 매우 빠르게 뽑아 약 4분 정도 모은 후, 두 팔을 옆으로 쫙 벌리듯 4번째 다리를 벌려서 엉성하게 붙인다.

• 시간이 흐를수록 반복하여 섬세하고 두껍게 집을 만들어 나간다. 이 때 10~12시, 22~24시 사이에 활발히 치며, 완성까지는 한 달 정도 소요가 된다.

• 탈피할 때는 천적으로부터 자기 자신을 보호하기 위해서 모든 출입구와 2~4개의 탈출구를 모두 막는다.

• 비가 내리기 하루 전부터 굴뚝형(또는 쌍굴뚝형)일 경우 하늘을 향한 출입구(탈출구)를 거미줄로 막아 빗물이 들어오지 못하도록 한다.

2) 사구 내 위치에 따른 거주지 조사

○ 2012년 사구 전 지역을 돌아다니면서 30곳을 조사한 내용은 아래 표와 같다.

순서	형태	친 식물	주변 식생	위치
1	• 굴뚝형	• 죽은 억새풀 아래	• 소나무, 억새, 띠풀	• 언덕 위(정상)

순서	형태	친 식물	주변 식생	위치
2	• 천막형 (뜬좌판형)	• 죽은 억새 속	• 소나무, 억새, 띠풀	• 언덕 위(정상)
3	• 천막형 (뜬좌판형)	• 죽은 억새풀 아래	• 억새, 띠풀, 해당화	• 평지 • 홍수유실
4	• 천막형 (뜬좌판형)	• 죽은 억새풀 아래	• 소나무, 억새	• 언덕 위(정상)
5	• 천막형 (뜬좌판형)	• 죽은 솔잎 속	• 소나무, 해당화	• 언덕 위(정상)
6	• 천막형 (뜬좌판형)	• 죽은 좀보리 사초 죽은 띠풀 사이	• 좀보리 사초, 초종용, 사철쑥, 억새, 띠풀	• 평지형 • 홍수유실
7	• 천막형 (뜬좌판형)	• 죽은 좀보리 사초 죽은 띠풀 사이	• 좀보리 사초, 초종용, 사철쑥, 억새, 띠풀	• 평지형 • 홍수유실
8	• 수로형	• 죽은 솔잎 사이	• 소나무, 억새, 띠풀	• 언덕 아래 • 홍수 유실
9	• 쌍굴뚝형	• 죽은 억새 죽은 띠풀 혼재	• 소나무, 억새, 띠풀, 해당	• 언덕 중간
10	• 천막형 (뜬좌판형)	• 죽은 통보리 사초	• 소나무, 억새, 띠풀, 해당화	• 언덕 중간
11	• 천막형 (뜬좌판형)	• 죽은 통보리 사초	• 억새, 통보리 사초, 띠풀, 갯완두	• 언덕 정상아래
12	• 천막형 (뜬좌판형)	• 죽은 띠풀 아래	• 억새, 통보리 사초, 띠풀, 해당화, 갯완두	• 언덕 정상
13	• 천막형 (뜬좌판형)	• 죽은 띠풀 아래	• 억새, 통보리 사초, 띠풀, 해당화, 사철쑥	• 언덕 정상 평지
14	• 굴뚝형	• 죽은 억새 아래	• 억새, 통보리 사초	• 언덕 정상
15	• 천막형 (뜬좌판형)	• 죽은 띠풀 속	• 소나무, 순비기나무, 띠풀, 방풍, 억새 혼재	• 언덕 중간
16	• 천막형 (뜬좌판형)	• 죽은 띠풀 속	• 소나무, 순비기나무, 띠풀, 방풍, 억새 혼재	• 언덕 정상아래
17	• 천막형 (뜬좌판형)	• 죽은 띠풀 속	• 소나무, 순비기나무, 띠풀, 방풍, 억새 혼재	• 언덕 정상

순서	형태	친 식물	주변 식생	위치
18	• 굴뚝형	• 죽은 띠풀 사이	• 소나무, 띠풀, 억새 좀보리 사초	• 언덕 정상
19	• 천막형 (뜬좌판형)	• 죽은 솔잎 사이	• 소나무, 띠풀, 억새	• 언덕 정상
20	• 수로형	• 죽은 솔잎 사이	• 소나무, 띠풀, 억새	• 언덕 정상
21	• 천막형 (뜬좌판형)	• 죽은 갯그령 • 죽은 띠풀	• 갯그령, 띠풀, 갯완두, 사철쑥	• 언덕 중간 위
22	• 천막형 (뜬좌판형)	• 죽은 갯잔디 • 죽은 쑥대	• 갯그령, 띠풀, 갯완두, 사철쑥	• 언덕 중간(길가)
23	• 천막형 (뜬좌판형)	• 죽은 갯그령 • 죽은 띠풀	• 갯그령, 띠풀, 갯완두, 사철쑥	• 언덕 정상아래
24	• 천막형 (뜬좌판형)	• 죽은 솔잎 사이	• 소나무, 억새, 좀보리 사초, 해당화, 띠풀	• 언덕 정상아래
25	• 천막형 (뜬좌판형)	• 죽은 솔잎 사이	• 소나무, 억새, 좀보리 사초, 해당화, 띠풀	• 언덕 정상아래
26	• 천막형 (뜬좌판형)	• 죽은 솔잎 사이	• 소나무, 억새, 좀보리 사초, 해당화, 띠풀	• 언덕 정상아래
27	• 천막형 (뜬좌판형)	• 죽은 솔잎 사이	• 소나무, 억새, 좀보리 사초, 해당화, 띠풀	• 언덕 정상아래
28	• 천막형 (뜬좌판형)	• 죽은 솔잎 사이	• 소나무, 억새, 좀보리 사초, 해당화, 띠풀	• 언덕 정상아래
29	• 천막형 (뜬좌판형)	• 죽은 솔잎 사이	• 소나무, 억새, 좀보리 사초, 해당화, 띠풀	• 언덕 정상아래
30	• 천막형 (뜬좌판형)	• 죽은 솔잎 사이	• 소나무, 억새, 좀보리 사초, 해당화, 띠풀	• 언덕 정상아래

3) 거주지의 방위각과 경사각, 크기 조사

○ 2013년 사구 전 지역을 돌아다니면서 30곳을 조사한 내용은 아래 표와 같다.

순서	언덕		거미집의 방위각(°)	크기(cm)	환경적 특성
	주향(°)	경사(°)			
1	180	9	180	18x20.5	사구복원(채집)
2	190	8	190	4.5x8	사구복원(채집)
3	160	2	160	7x8.5	홍수 때 소실
4	180	18	180	13x14	사구복원(채집)
5	210	12	210	4.5x5.5	사구복원(채집)
6	160	0	145	5x5.5	홍수 때 침수
7	160	0	145	5.5x6	홍수 때 침수
8	245	8	245	4.5x5	홍수 때 침수
9	160	5	160	21x28.5	
10	90	8	90	6.5x8.	홍수 때 소실
11	60	10	60	7x8	홍수 때 소실
12	60	15	60	12x15	홍수 때 소실
13	180	3	180	14x16.5	공사로 파괴
14	130	8	130	12x14	
15	120	6	150	6.5x7.5	홍수때 소실
16	70	12	70	8x9	
17	270	10	270	10x11	
18	280	4	215	22x23	
19	135	5	135	5x6.5	
20	225	31	181	5x10.5	
21	285	4	285	14x16.5	
22	285	3	285	17x18	홍수 때 소실
23	285	15	285	21x24.5	채집

순서	언덕		거미집의 방위각(°)	크기(cm)	환경적 특성
	주향(°)	경사(°)			
24	45	8	45	5x5	
25	45	4	45	4x6	
26	45	6	45	7x4.5	
27	220	10	220	5x10	
28	165	6	165	6x9	겨울에 소실
29	160	9	160	10.5x8	채집
30	120	12	120	5.5x10.5	겨울에 소실

• 죽은 솔잎, 갯잔디, 억새풀 사이에 친 것들은 규모가 작고, 옆으로 길쭉한 편이고, 띠풀, 갯그령, 사초류를 이용하여 만든 곳은 크기가 컸으며, 자연환경에서 이용할 수 있는 식물체의 특성과 공간에 따라 다름을 알 수 있었다.

• 여름으로 가면서 거미가 성장할수록 보수 보완하여 거주지를 더욱 더 크게 만들었다.

4) 거주지 형태 조사

○ 30곳의 거주지 형태는 다음과 같이 조사되었다.

거주지 지역	A	A
거주지 번호	1	2
거주지 형태		
	뜬천막형	뜬천막형

거주지 지역	A	A
거주지 번호	3	4
거주지 형태		
	뜬천막형	뜬좌판형

거주지 지역	A	A
거주지 번호	5	6
거주지 형태		
	뜬좌판형	뜬좌판형

거주지 지역	A	B
거주지 번호	7	8
거주지 형태		
	뜬좌판형	뜬좌판형

거주지 지역	B	B
거주지 번호	9	10
거주지 형태		
	뜬좌판형	뜬좌판형

거주지 지역	B	B
거주지 번호	11	12
거주지 형태		
	뜬좌판형	뜬천막형

거주지 지역	B	B
거주지 번호	13	14
거주지 형태		
	뜬천막형	뜬천막형

거주지 지역	C	C
거주지 번호	15	16
거주지 형태		
	뜬천막형	뜬좌판형

거주지 지역	C	D
거주지 번호	17	18
거주지 형태		
	뜬천막형	뜬굴뚝형

거주지 지역	D	D
거주지 번호	19	20
거주지 형태		
	뜬좌판형	뜬좌판형

거주지 지역	D	D
거주지 번호	21	22
거주지 형태		
	뜬천막형	뜬좌판형

거주지 지역	D	E
거주지 번호	23	24
거주지 형태		
	뜬천막형	뜬좌판형

거주지 지역	E	E
거주지 번호	25	26
거주지 형태		
	뜬좌판형	뜬좌판형

거주지 지역	E	E
거주지 번호	27	28
거주지 형태		
	뜬좌판형	뜬좌판형

거주지 지역	E	E
거주지 번호	29	30
거주지 형태		
	뜬좌판형	뜬좌판형

5) 식물체에 따른 거주지 선정 특성 분류

○ 표를 참고로 하여 자료를 재분류하여 분석하였다.

식물명	죽은 억새	떨어진 솔잎	죽은 좀보리사초	죽은 통보리사초
수	6	11	2	2
식물명	죽은 띠풀	죽은 갯그령	죽은 갯잔디	죽은 사철쑥대
수	15	2	1	1

결 과	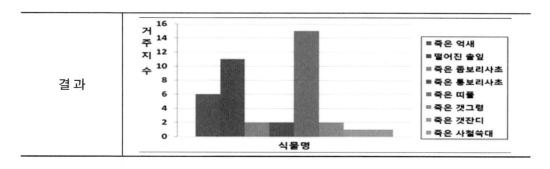

6) 사구 위치별 거주지 선정 특성 분류

○ 표를 참고로 하여 자료를 재분류하여 분석하였다.

거주지 위치	사구			평지
	정상	정상 아래	중간	
거주지 수	11	11	5	3

결 과	거주지수 그래프 (정상, 정상 아래, 중간, 평지 / 위치)

7) 방위각과 경사각에 따른 거주지 선정 특성 분류

○ 표를 참고로 하여 자료를 재분류하여 분석하였다.

구분	방위각(°)	경사각(°)
사진		

방위각(°)	0~45	46~90	91~135	136~180	181~225	226~270	271~315	316~360	합계
발견된 수	3	3	3	11	5	2	3	0	30
결 과									

경사도(°)	0~2	3~4	5~6	7~8	9~10	11~12	13~14	15~16	17~18	...	31~32	합계
발견된수	3	5	5	5	5	3	0	2	1	0	1	30
누적	3	8	13	18	23	26	26	28	29	29	30	30
결 과												

8) 계절에 따른 거주지 크기 특성 분류

○ 표를 참고로 하여 자료를 재분류하여 분석하였다.

구분	봄	여름	가을	겨울
크기(cm)	5x8	18x20	8x15	3x5
땅속 굴의 깊이(cm)	2~3	16~20	4~6	1~2
결 과				

9) 거주지의 형태에 따른 새로운 분류 체제 제시

○ 거주지의 형태에 따른 분류는 지금까지 학계에 보고된 좌판형을 기준으로 변형된 형태는 다음과 같이 분류하였다.

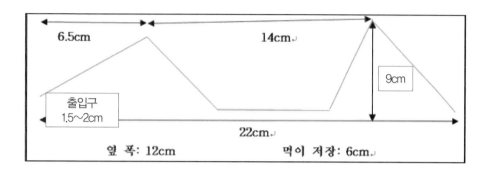

기본형	변형된 형태		
뜬좌판형	뜬천막형	뜬굴뚝형	뜬쌍굴뚝형
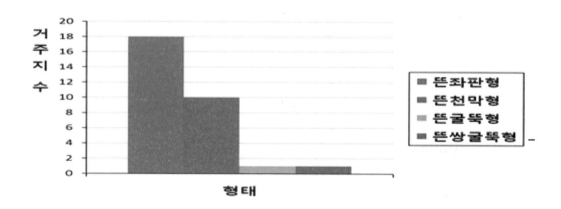			
18	10	1	1

○ 거주지를 캐서 마르도록 한 다음 1주일 마다 붓으로 천천히 모래를 털어가면서 그 형태를 조사하였다.

가) 사구를 이루는 모래의 특성

○ 태양 복사 에너지를 받으면 비열이 낮아 온도가 빨리 상승하며, 기온이 높은 날이 계속되면 한 여름 표면 온도는 약 65℃까지 올라가기도 한다.

○ 비가 내리면 모래의 미세한 알갱이들은 수막을 형성하여 1.5~2 cm 이하에서는 쉽게 젖지 않는다.

○ 홍수 때도 수풀들의 영향으로 모래가 잘 쓸려 내려가지 않는다.

나) 거주지에 붙어있는 모래의 기능

구분	특성	모래가 붙어 있는 모습	
크기(cm)	위: 6.5, 아래: 3.5		
땅속 굴 (cm)	Ø 0.6~1.0 깊이: 8		
마른 후 붙어있는 양(g)	19.85		
모래 거미줄	강 함		

다) 지하부 주변에 모래 붙인 거미줄 덩어리가 많은 이유와 기능

○ 거미줄에 붙어있는 모래가 생기는 이유는 굴 속 주변에 흰색의 거미줄을 묻혀놓고 생활하다가 성장을 하면서 굴의 내부가 비좁아지기 때문에, 또한 모래바람에 의해 지하 내부로, 비와 함께 흐르던 모래의 내부 유입으로 인해 보완 및 보수가 필요하기 때문에 더 크게 만드는 것으로 사료된다.

○ 이런 거미줄에 묻힌 모래들의 덩어리는

첫째, 거주지를 집을 지을 때 사용하는 시멘트처럼 지탱하여 보호하는 기능이 있고,

둘째, 적으로부터 자기 자신을 보호하면서 부화 온도 유지 기능이 있으며,

셋째, 적당한 온도와 수분 조절 기능이 있고,

넷째, 애벌레나 곤충들의 먹이가 되어 먹이 유인 효과가 있다.

다섯째, 매우 위급한 상황에서는 아성체부터 성체까지 거미줄 모래를 타고 땅 속 깊이 탈출할 수 있어, 종 보존의 아주 중요한 선택적 탈출구로 활용하는 것으로 사료된다.

11) 거주지 세부 구조와 그 기능

솔잎(뜬천막형)	강월도 영월(뜬천막형)
뜬굴뚝형	굴뚝

출입구 및 탈출구	환기 및 탈출구

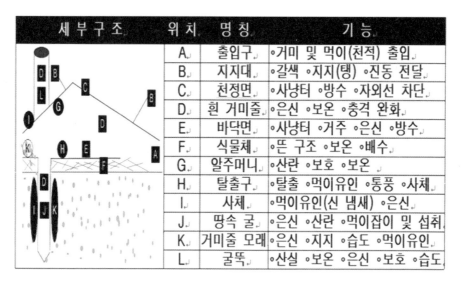

세부구조	위치	명칭	기능
	A.	출입구	○거미 및 먹이(천적) 출입
	B.	지지대	○갈색 ○지지(탱) ○진동 전달
	C.	천정면	○사냥터 ○방수 ○자외선 차단
	D.	흰 거미줄	○은신 ○보온 ○충격 완화
	E.	바닥면	○사냥터 ○거주 ○은신 ○방수
	F.	식물체	○뜬 구조 ○보온 ○배수
	G.	알주머니	○산란 ○보호 ○보온
	H.	탈출구	○탈출 ○먹이유인 ○통풍 ○사체
	I.	사체	○먹이유인(신 냄새) ○은신
	J.	땅속 굴	○은신 ○산란 ○먹이잡이 및 섭취
	K.	거미줄 모래	○은신 ○지지 ○습도 ○먹이유인
	L.	굴뚝	○산실 ○보온 ○은신 ○보호 ○습도

다. 알아낸 점

○ 거주지는 지상부와 지하부 두 부분으로 나눌 수 있으며, 죽은 식물체들에 의해서 뜬 구조를 나타내었다.

뜬 구조를 가지고 있는 그늘 막 텐트처럼 쳐놓은 지상부는 방수 효과가 있고 미세한 구조로 내부로 물이 들어가지 않으며, 여름으로 갈수록 크게 만들었다. 그 주요 기능은 먹이 사냥, 산실, 주간에 대부분을 거주하는 곳이었다.

○ 모래 구멍을 뚫고 흰색의 거미줄 막으로 도배를 해놓은 지하부는 땅속 굴은 언덕 경사면에 수직으로 파고 들어갔으며, 먹이를 먹는 곳, 위급 상황에서 탈출과 도피, 산실로 이용하였고, 그 깊이는 토양의 수분 함유율과 단단한 정도에 따라, 계절에 따라서 달랐다. 여름이 될수록 깊이 파고 들어갔는데 이는 사구 표면의 온도가 높아지면서 적정한 온도를 찾아 체온 조절을 통한 자신을 보호하고 위한 행동으로 보인다.

○ 띠풀과 사초류, 솔잎, 억새의 잎 등에서 죽은 것만을 거주지의 재료로 이용하였고, 통보리 사초, 소나무, 해당화, 갯방풍, 순비기나무 등이 빽빽이 군락을 이룬 곳, 햇빛이 거의 비추지 않는 그늘진 곳, 올해 돋아난 살아있는 식물체는 이용하지 않는다. 이렇게 죽은 식물체의 탄성을 활용함으로써 비와 강한 자외선에 거주지를 보호하고, 먹이잡이 시 탄성을 통한 먹이 감지, 거주지의지지, 비가 올 때의 배수 작용으로 활용함을 알 수 있었다.

○ 거주지의 위치를 선정할 때

첫째, 사구에서의 위치는 정상이나 정상아래 높은 곳을 선호하였고, 평지나 작은 사구 언덕 중간에 친 거주지는 홍수 때 빗물과 함께 떠내려 온 모래에 뒤덮여 죽은 개체가 발견되기도 하였으며, 거주지는 썩어서 곰팡이가 형성되어 있었다.

둘째, 방향은 언덕 경사의 방향과 일치하였다. 이 때 남동(135°)에서 남서(225°)까지 53%, 동(90°)에서 서(270°)까지 73%,를 차지하였다.

셋째, 경사각은 12°이하가 87%로 나타났다. 주홍거미는 햇볕이 잘 들고, 경사가 낮은 곳을 선호하였다.

○ 거주지의 형태는 뜬천막형을 기본으로 하여 변형된 뜬좌판형, 뜬굴뚝형, 뜬쌍굴뚝형 4가지로 분류되었으며, 식물체의 구성 요건에 따른 최적의 거주지를 만들어 생활하였다.

○ 거주지를 캐면서 주홍거미를 확인하려고 했을 때 발견할 수 없었다. 처음에는 비어있는 거주

지인 줄 알았다가 나중에 혹시나 하고 밑을 캐서 모래를 헤집었더니 그 속에서 발견되었다. 주홍거미는 외부 자극이 크면 빠른 속도로 모래를 파고 들어가면서 탈출구로 활용하였다. 이처럼 사구의 모래나 황토는 입자가 매우 작아서 수막현상으로 인해 굴 내부로 물이 들어오는 것을 막아주며, 수분 증발이 작아 체온 유지에 도움을 준다.

2-1 주홍아! 주홍아! 뭐하니? "거미줄"에 대한 연구

가. 연구 방법

○ 거미줄의 특성은 거미줄을 조금 떼어서 유리테이프로 붙인 후, 멀티영상해부현미경으로 관찰하였다.

○ 자외선 차단 효과는 맑은 날 자외선 조사카드를 1x8 cm로 잘라 거주지 속에 넣어 색변화로, 조도는 LX-101 LUX METER로 측정하였다.

나. 연구 결과

1) 거미줄의 특성

거미줄의 샘플 위치	
전체 모습	지 하 부

위 치	A
명 칭	거지그물 위판(체판실)

배 율	7x	150x	150x
결 과			
위 치	B		
명 칭	갈색 지지실(대)		
배 율	7x	150x	150x
결 과			
위 치	C		
명 칭	부착실		
배 율	150x	150x	60x
결 과			
위 치	D		
명 칭	모래 부착실		

배 율	60x	150x	150x
결 과			

위 치	E		
명 칭	보온실		
배 율	150x	60x	150x
결 과			

위 치	F		
명 칭	알주머니와 탈피		
배 율	7x	15x	150x
결 과			

2) 자외선 차단 효과

	1	2	3	4
결과				

날 씨	비온 날		맑은 날	
위 치	소나무 밑	사구 표면	소나무 밑	사구 표면
자외선양 (mW/m2)	0	14	2	90

다. 알아낸 점

○ 거주지의 위판과 아래판의 바깥쪽은 점성이 없고 매우 조밀하게 보인다.

하지만 거미줄과 거미줄 사이에 아주 작은 틈들이 있고, 이런 미세 구조는 사구에 내리 쬐이는 강력한 햇빛으로부터 자외선을 차단할 수 있다.

○ 거주지를 지지하고 있는 갈색 지지대와 부착실은 매우 질기고 강하나 점성은 없으며, 거미줄

을 많이 모은 후 견고하게 부착시킨다.

○ 지상부의 거주지 내부와 지하부의 굴속의 모래와 접촉면에 붙인 원통형의 흰색 거미줄은 점성이 강하다.

○ 점성이 없는 생명줄은 정주성 거미의 경우 외부 자극이 사라지면 먹으면서 올라오지만, 단지 낙하하는 용도로만 활용하고 있었다.

3. 변신(탈피 및 성장)의 귀재인 주홍거미에 대한 연구

가. 연구 방법

○ 집과 과학실에서의 사육실을 만들어 키워가면서, 또 신두리 해안 사구에 직접 가서 육안 관찰법 및 사진과 캠코더로 촬영하여 분석하였다.

나. 연구 결과

1) 주홍거미의 성장 과정

알주머니	탈피	탈피각	새끼

수컷		암컷	
마지막 탈피 전	마지막 탈피 후	마지막 탈피 전	마지막 탈피 후

비올 때	홍수 때	더울 때	추울 때

2) 암컷의 마지막 탈피 전 · 후의 행동

구 분	행동 특성
탈피 전 2~3일 전부터	○ 거주지에서 거의 움직임이 없음
탈피	○ 밤에 거주지 안에서 탈피가 이루어짐
탈피 후 2~3일까지	○ 거주지 안에서 거의 움직임이 없음
그 후	○ 거주지를 만들 때 외에는 거의 움직이지 않음

3) 수컷의 마지막 탈피 전 · 후의 행동

구 분	행동 특성
탈피 전 2~3일 전부터	○ 거주지에 들어가서 거의 움직임이 없음
탈피	○ 밤에 거주지 안에서 탈피가 이루어짐
탈피 후 2~3일까지	○ 거주지 안에서 거의 움직임이 없음
2주 후	○ 거주지를 뚫고 나와서 움직이기 시작하지만 일정 시간이 되면 거주지에 들어가서 있음
4주 후	○ 수풀 위도 오르락내리락 하면서 움직이기 시작함 0~10시 사이에는 거의 움직이지 않고 거주지에 있음

4) 거미의 성장에 따른 변화

시기	거미(cm)	산란	새끼의 수	체색	시기	연령
A	0.1~0.2	×	×	옅은 진회색	2009. 7월 초	1개월(1살)
B	0.3~0.4	×	×	옅은 갈색	2010. 2월 초	8개월(2살)
C	0.9~1.0	×	×	옅은 갈색	2011. 4월 초	17개월(3살)
D	1.4~1.5	×	×	옅은 갈색 검정색	2012. 7월 초	31개월(4살)
E	1.8~2.0	○	180~200	검정색	2013. 4월 초	39개월(5살)

암 · 수 다른 점

○ 4월 초 암수는 마지막 탈피를 한다. 마지막 탈피를 하면 수컷은 배등면이 주홍색으로 바뀌며, 거주지를 벗어나 배회하기까지는 한 달 정도가 소요된다. 그래서 신두리 해안 사구에서 5월 초부터 배회하는 주홍거미 수컷이 발견이 되는 것이다. 이 때 암컷은 마지막 탈피를 하면 윤기가 흐르는 검은 색으로 탈바꿈을 하고, 짝짓기와 산실, 새끼들의 거주를 고려해서 거주지를 보완 보수를 반복하면서 크게 확장한다.

○ C시기 이후 수컷은 짝짓기하면 주홍색은 옅어지고 몸은 삐쩍 마른 상태이며 거주지 밖에서 암컷을 3~4일 정도 지키다가(거주지 방어) 1주일 이내에 죽는다. 신두리 사구의 주홍거미는 7월 초 이 후 전혀 볼 수 없는 것은 짝짓기 후 죽거나 짝짓기를 끝낸 후 생명을 다해 죽기 때문으로 사료된다. 그러나 극히 일부는 짝짓기를 하지 않았어도 1.5cm까지 성장한 것으로 보아, 다음 해까지 살아가는 개체도 있는 것으로 보인다.

○ 탈피할 때는 모든 출입구를 거미줄로 닫아버린다. 탈피를 한 후 암컷은 탈피각을 거미줄로 바깥에 붙여놓거나, 굴뚝형일 경우 굴뚝을 막아 외부 천적과 강한 자외선으로부터 자신을 보호하고, 또한 먹이를 유인하기 위한 수단으로 활용하였지만, 수컷은 탈피각을 그대로 방치해 둔다.

○ 거주지의 체판실이 없을 경우 탈피를 끝까지 진행시키지 못하는 경우가 있는 것으로 보아 탈피 시점을 정확히 알아 볼 필요가 있다. 이 시기에 거주지를 손상시키면 주홍거미의 멸종의 한 요인이 되기 때문이다.

○ E시기 이후 암컷은 산란 후 거주지의 출입구와 탈출구를 막기 시작한다. 알주머니와 새끼들을 보호하다가 죽으면 새끼들의 먹이가 된다.

5) 수컷의 활동 시간 및 시기

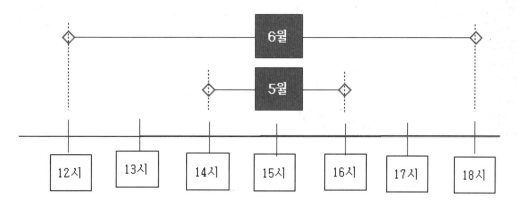

6) 주홍거미의 bio cycle map

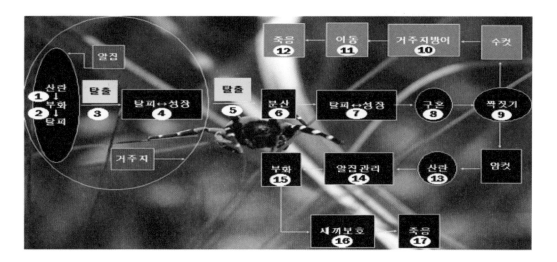

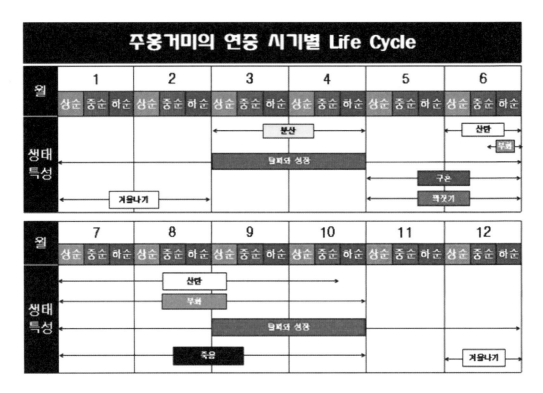

7) 주홍거미의 하루 일과 MAP

관련 행동	주홍거미의 하루
먹이잡이	
짝 찾기와 체온조절	

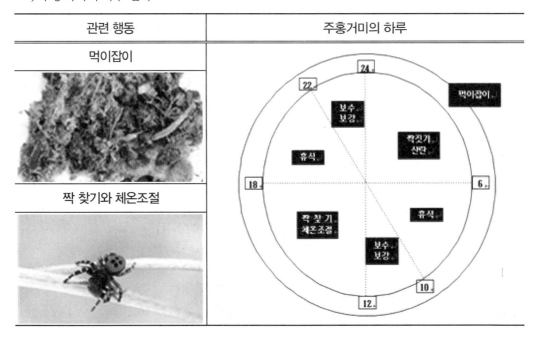

다. 알아낸 점

가. 새끼들의 행동 특성

○ 거미는 탈피를 한 후 성장한다. 새끼일 때는 알집에서 1회 탈피한 후 탈출하여 거주지 속으로 이동한다. 이 거주지 속에서 2~3회 다시 탈피를 한 후 거주지를 탈출한다.

○ 1회 탈피 후 2~3개월에 한 번씩 거미줄에서 탈피를 하면 1 mm 정도 성장하지만 성체에 가까울수록 탈피 주기가 4~5개월로 늘어나는 경향을 보였다.

○ 산란 후 이듬해 3월 초 18~20℃가 되면 분산을 위한 준비를 한다. 거미줄을 따라 여러 번 왔다 갔다 하면서 긴 실타래처럼 만들며, 분산을 마칠 때까지는 아사회성을 이루고 살면서 아주 미세한 거미줄망을 만들어 사선 방향으로 이동하여 분산을 한다.

나. 성체들의 공통된 행동 특성

○ 수컷이 마지막 탈피를 하기 전과 암컷은 거주지 안에서는 땅을 향하여 거꾸로 매달려 주로 생활하며, 밖으로 나와 움직일 때도 있다.

○ 출입구는 1개이며, 먹이나 천적이 들어오는 문이 되기도 하지만, 천적으로부터 자기 자신을 보호하기 위해서 도피할 수 있는 탈출구가 되기도 한다. 또한 탈출구는 2~4개로 비가 올 때는 위(옆)쪽으로, 적으로부터 자신을 보호할 때는 옆이나 지하부 굴속을 통해 모래 쪽으로 탈출한다.

○ 2월 말부터 새로운 거주지를 만들기 시작하였으며, 10시~12시 또는 22~24시 사이에 거미줄을 뽑아 보수하거나 더 촘촘히 치는 행동을 한다.

○ 탈피 전후 2~3일 정도는 움직임이 둔하였고, 암컷은 탈피각을 밖으로 옮겨서 거미줄에 부착해놓지만 수컷은 거주지 내부에 그냥 방치해 놓고 생활하였다.

○ 암수 모두 3월 31일~4월 1일 사이에 마지막 탈피를 마치고 성숙해지면 암컷은 윤기가 흐르는 검은 색이 되었지만 수컷은 옅은 갈색에서 배등면이 주홍색(혼인색)으로 바뀌었다.

○ 사구의 어느 특정 지역에서 많이 발견되는 것(집단생활)은 종족 보존과 번식에 유리하다. 그

과정을 보면 분산한 후 1년이 지나면 평균 12개체가 무리를 이루고, 한 군락을 이루고 있는 곳에 발견되는 개체수를 볼 때 성체까지 생존하는 것은 평균 2개체였다.

다. 주홍거미 수컷의 행동 특성

○ 4년 동안 추적한 결과 5월 5일~6월 29일까지 발견되었는데, 5월에는 14시~16시에 관찰되었다가, 6월 말로 갈수록 12시에서 18시까지 그 관찰되는 시간의 범위가 넓어졌다. 일몰이 가까워지면 사라진 수컷은 풀숲이나 솔잎 사이로 들어가기도 하고, 풀줄기를 꼭 잡은 상태로 움직이지 않았다. 이는 먹이에 대한 공격, 천적에 대한 자기 방어를 위한 행동으로 사료된다.

○ 뇌하수체 중엽에서 분비하는 인터메딘(intermedine)에 의해 주홍색으로 변하는 이유는 암컷이 수컷을 확인하는 시간을 단축시켜주기 위함으로 적자생존의 법칙에 의해 진화되어 왔기 때문이다.

○ 주홍색으로 바뀐 후 7~10일 동안은 거주지 안에서 생활하였지만, 그 후 거주지를 나왔다가 돌아다니고, 다시 들어가기를 반복하는 귀소 본능을 보였다.

○ 수컷은 원래 살던 거주지와 또 다른 거주지를 1~2일 사이를 두고 번갈아가면서 거주하기도 한다.

○ 주거지 밖으로 나오지 않던 수컷이 맑은 날 주간에 움직이는 이유는 높이 올라가는 행동은 체온 조절을 통한 자기 생명 유지와 배회하는 것은 종족 보존을 위한 본능적인 행동으로 판단된다.

○ 수컷은 17개월이 넘어야 암컷과 짝짓기가 가능하며, 이 때 촉지 끝이 야구 글러브(곤봉 모양)을 낀 것처럼 매우 퉁퉁해지며 돌아다니기 시작하며, 생존 기간은 2년이 평균이다.

○ 짝짓기 후, 또는 수명을 다하면 7월 초순에 죽는다.

라. 주홍거미 암컷의 행동 특성

○ 암컷은 3년 동안 성장을 한 후, 4월 초 마지막 탈피를 한 후, 짝짓기를 위해 거주지를 정비하여 알을 낳은 후 부화될 시기쯤에는 죽어 새끼들의 먹이가 되며 생존 기간은 4년이다.

○ 오후엔 대부분 대롱 부분에 위치하였으며, 암컷은 주거지 밖으로 나오지 않는다고 알려졌지

만, 먹이잡이를 할 때(개미지옥에 빠져서 죽은 사체들이 4마리 발견), 비온 다음 날 햇빛이 강하여 체온조절을 할 때, 이동하여 거주지를 새로 지을 때(겨울을 나기 위해서), 거주지를 보수하거나 보강하고자 할 때, 홍수로 인해서 탈출할 때는 나와 활동한다.

ㅇ 비가 왔을 때 고지가 낮은 평지에 위치했던 거주지가 침수되면 거주지가 모두 잠겨서 3곳은 썩은 상태였고, 죽은 사체도 발견할 수 있었고, 경사면에 있는 거주지도 홍수에 물과 함께 내려온 퇴적물에 묻혀 그 흔적을 찾을 수가 없었다. 이는 주홍거미의 생존을 위협하는 요인이 된다.

4. 북을 치는 주홍거미의 먹이잡이에 대한 연구

가. 연구 방법

ㅇ 신두리 해안사구 복원 사업으로 포크레인으로 사구를 뒤집어 질 곳의 거주지를 채집해 온 후 거주지의 지상부와 지하부에 붙어있는 먹이들의 각질부의 흔적을 가지고 인터넷과 곤충 사전을 보면서 분류하였다.

ㅇ 먹이를 어떻게 감지하는지, 그 후 어떻게 잡아먹는지의 신호 전달 체계를 찾아보았다.

나. 연구 결과

1) 관찰된 먹이의 종류

천궁표주박바구미	긴조롱박먼지벌레	녹슬은방아벌레	모래붙이거저리

꽃방아벌레과	무당벌레	밀웜	왕귀뚜라미

2) 거주지에 붙어있던 먹이의 흔적

먹 이 명	천궁표주박바구미	긴조롱박먼지벌레	녹슬은방아벌레
발견된 수	2	8	3
먹 이 명	모래붙이거저리	꽃방아벌레과	무당벌레
발견된 수	3	4	1

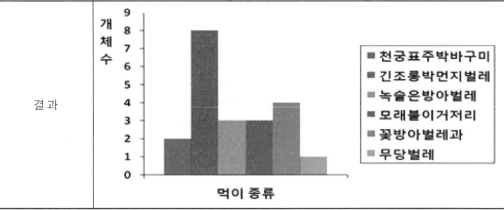

결 과

3) 주홍거미의 먹이잡이 행동 특성

가) 새끼들의 먹이잡이 행동

ㅇ 6mm정도 크기의 귀뚜라미가 거미줄에 걸리면 살려고 발버둥치는 행동에 의한 그 진동을 감지한다.

ㅇ 두 마리가 앞뒤에서 다가가 엄니로 문다.

○ 차츰 다른 거미들이 모여들어 함께 물어뜯기를 한다.

○ 총 13마리가 귀뚜라미를 구형으로 감싸고 먹이를 먹는다.

○ 먹이를 먹은 후는 다시 흩어진다.

○ 큰 귀뚜라미가 다가오면 서로 뭉치는 경향이 있다.

○ 5mm 정도의 귀뚜라미는 잠복해 있다가 지나가면 확 덮쳐서 잡기도 한다.

나) 주홍거미 수컷의 먹이잡이 행동 특성

○ 식물체의 진동은 설렁줄의 진동으로, 거주지의 진동으로 감지된다.

○ 먹이가 가까이 오면 가까운 쪽으로 거미줄을 잡아당겼다 놓으면서 방향을 감지한 후 서서히 이동하고, 움직임을 감지할 때까지 가만히 기다린다.

○ 먹이의 움직임에 따라 위 행동을 반복하면서 먹이 쪽으로 방향을 틀면서 조금씩 다가간다.

○ 숨어 있다가 그물에 걸린 먹이를 보면 앞발가락으로 먹이를 잡는다.

○ 구기로 물어서 거주지 안으로 잡아당겨서 먹이의 체액을 빨아먹는다.

다) 주홍거미 암컷의 먹이잡이 행동 특성

○ 일반적인 먹이잡이 행동은 수컷과 같다.

○ 이 먹이들은 날개는 있지만 수풀 위 또는 틈 사이를 기어 다니다가, 설렁줄이 처진 풀이나 거미줄을 건들 때 진동이 되면 먹이 감지는 시작된다. 재빠르게 나와서 머리 쪽과 배 끝 쪽으로 오가면서 물기를 한다. 물기를 하면서 독액을 주입한다. 먹이를 출입구에 가로질러서 입구를 막아 놓은 후 먹는다.

○ 한번 잡은 먹이는 절대 빼앗기지 않으려 한다. 그리고 죽은 먹이는 먹지 않는다.

○ 풀숲에 숨어 있다가 지나가는 먹이를 습격하여 먹는다.

○ 굴뚝형일 때의 먹이잡이는 먹이를 감지하면 첫 번째 발가락과 네 번째 발가락으로 거주지 전체를 잡아당기면서 항문두덩이로 북을 치듯이 거미그물을 친다. 이 때 거미그물의 탄성으로 인해

서 먹이는 중력 방향 쪽으로 이동하게 된다. 먹이가 위에 있을 때에는 아래쪽에서 치고, 먹이가 아래로 이동할수록 거미는 위쪽으로 올라가서 북을 친다. 양떼를 몰듯이 먼 쪽에서 지표면으로 몰아서 지표면에 떨어진 먹이를 거주지 안으로 잡아당긴 후 먹이를 포획해 먹었다.

○ 밀웜만을 계속 주면 주홍거미는 거미줄로 붙인 모래로만 거주지를 만든다. 간혹 구멍을 뚫어 놓기도 하지만 이내 막아 버린다. 이는 먹이에 따라서 거주지의 형태를 변화시킨다는 것을 알 수 있었다.

○ 먹이가 주홍거미의 출입구나 탈출구의 공간을 통해 은신하기 위해 들어오거나, 먹이의 사체를 거미줄에 붙여 향으로 또는 먹이로, 거주지가 먹이로 유인하여 잡아먹는다.

아사회성	작은 튜브형 거주지	집단 공격	귀뚜라미

4) 먹이 획득에 대한 자극의 전달 체계

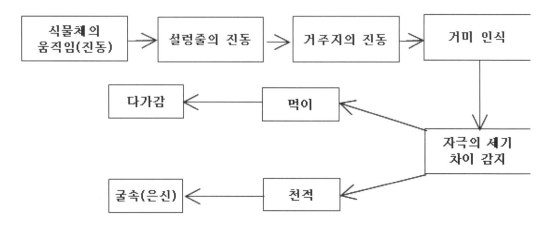

다. 알아낸 점

○ 새끼의 먹이잡이는 여러 마리가 협동하여 물어뜯기를 하여 먹이를 제압한 후 구형을 이루면서 단체로 먹이를 먹고, 먹은 후엔 서로 흩어져서 생활을 한다. 작은 먹이는 잠복해 있다가 잡아먹을 때도 있다.

○ 성체는 거주지를 재료가 되고 있는 탄성이 있는 식물체나 설렁줄을 건드리면서 먹이를 감지한다. 이때의 진동을 감지하면서 북을 치듯이 거주지를 진동시켜 먹이의 방향을 감지한 후, 아주 천천히 먹이 쪽으로 이동하여 쏜살같이 덮쳐서 잡는다. 또한 굴뚝형일 때에는 지표면으로 유도하여 잡는 경우도 있다. 먹이를 잡으면 쏜살같이 뒷걸음질 치면서 먹이를 거주지 안으로 잡아당긴다. 독액을 주사하는 것과 체액을 빨아 먹는 것은 대부분 거주지 속 굴의 입구에서 이루어졌다. 이때 굴뚝이 열린 상태이면 굴뚝의 하늘 쪽을 향해 먹이를 가로막아놓아서 거주지 밖에서 주홍거미가 보이지 않도록 자가 자신을 숨긴 채 섭취하였다.

○ 주홍거미는 먹이를 섭취하고 남은 껍질들은 거주지 밖으로 가지고 가서 부착시켜 놓는다. 그 이유는 다른 곤충들을 유인하는 효과가 있음을 실험을 통해 확인할 수 있었다. 특히 거주지를 이루고 있는 거미줄도 귀뚜라미 등의 먹이가 되었다.

5. 기상캐스터인 주홍거미의 고온일 때와 겨울나기에 대한 연구

가. 연구 방법

○ 서산기상청의 기후 및 기상학적인 특성에 대한 자료를 다운받아 분석한다.

○ 비올 때와 비온 후 고온일 때의 행동 특성을 조사한다.

○ 겨울을 나기 위한 거주지의 변화와 행동을 조사한다.

○ 4월부터 7월 초까지 온도 변화를 낮의 경우(12시~18시), 밤의 경우(0시~6시)측정하여 평균을 구한다.

○ 매월 말 주말에 사구 표면과 거주지 주변의 온도를 측정한다.

나. 연구 결과

1) 서산지역 기후 및 기상학적 특성 조사

○ 기상청에서 2011년 1월부터 2013년 2월까지의 월 요약자료를 다운받아 서산지역의 기후 및 기상 환경요소를 알 수 있었다.

구분	기온		상대 습도	평균지 중온도	강수량 (mm)	총증발량 (mm)	풍속 (m/s)	풍향	기상현상		
	최고	최저							눈	서리	얼음
2011.1	7.5	−12.1	67	2.8	15.1	29.7	9.9	NNW	12	19	30
2	11.7	−14.2	58	2.1	2.4	46.3	10.2	NNW	9	8	29
3	16.6	−6.8	67	5.5	41.6	68.8	11.3	W	1	13	17
4	26.6	−3.2	67	10.2	113.5	107.1	16.2	WNW	·	4	4
5	28.5	7.1	67	18.0	14.5	187.1	8.9	W	·	·	·
6	31.4	13.1	77	24.5	91.1	174.8	7.7	SSW	·	·	·
7	32.9	18.0	90	25.5	266.8	133.4	9.9	SW	·	·	·
8	36.0	17.2	89	27.5	647.9	127.2	14.5	S	·	·	·
9	29.9	11.1	89	22.3	106.5	90.3	8.4	N	·	·	·
10	24.3	1.9	82	16.6	100.7	85.0	8.2	WNW	·	·	·
11	10.6	−3.5	77	8.8	82.1	45.7	11.1	W	2	12	14
12	8.1	−15.1	78	3.3	65.4	27.1	10.9	NW	17	11	30
2012.1	14.1	−16.6	80	0.9	36.8	29.0	7.9	WNW	8	9	29
2	15.2	−14.0	72	1.5	65.7	43.2	7.8	NW	10	11	27
합계	20.96	−1.22	75.71	12.11	117.86	85.34	10.21		8.43	10.88	22.50

2) 지중온도 분포 조사(서산지역)

월 깊이(cm)	평균 지중 온도(℃)											
	1	2	3	4	5	6	7	8	9	10	11	12
지면	−0.9	2.9	6.7	13.4	20.0	24.9	26.2	27.1	25.0	16.0	12.1	2.1
5	−1.1	1.5	5.1	11.3	18.1	23.7	25.6	26.1	23.4	14.8	11.7	2.6
10	0.3	2.0	5.7	11.4	17.8	23.1	25.2	25.8	23.5	15.5	12.4	3.9
20	−0.1	1.5	5.1	10.7	17.3	22.7	25.0	25.8	23.7	15.6	12.3	3.8
30	1.4	2.2	5.8	11.1	17.1	22.4	24.7	25.7	24.0	16.6	13.3	5.3

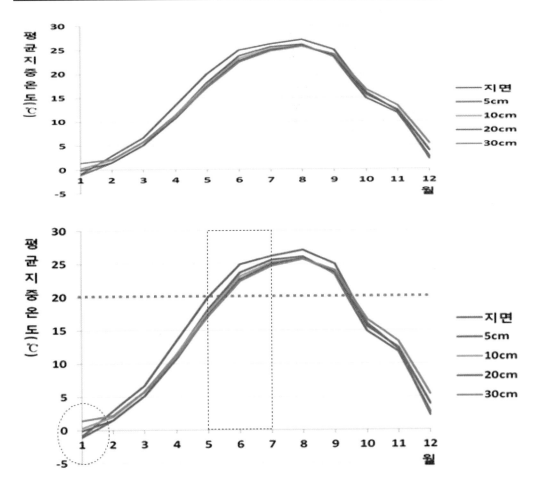

자료 해석

○ 서산시 기온으로 볼 때 1월의 평균 기온이 약 영하 1℃이다.

○ 수컷들이 짝짓기를 위해 배회할 때의 기온은 20~28℃이다.

3) 비가 온 후 고온일 때의 행동 특성

구 분	현 상	특 성
수 컷		○ 시간: 비온 후 맑은 날이 3일 동안 이어진 후의 3일째의 14시~16시 사이 ○ 수풀 위 1.5m까지 올라간다.
암 컷		○ 시간: 비온 후 맑은 첫째 날 12~16시 사이 ○ 수풀이 없는 사구 표면에 옆으로 누워서 잠을 자면서 몸을 말려 건조시키면서 체온을 상승시킨다.

3-1) 거주지 주변의 온도 분포

구 분	비 그친 후	맑은 날	결 과
지중 10cm	24.5	32.1	
사구 표면	37.4	56.5	
거주지 내	29.6	44.2	
지상 30cm	29.5	36.5	
소나무 숲	27.5	30.4	

3-2) 신두리 사구 표면의 온도 변화

구 분	2월 말	3월 말	4월 말	5월 말	6월 말
온도(℃)	30.3	38.5	40.3	56.7	60.4

결 과	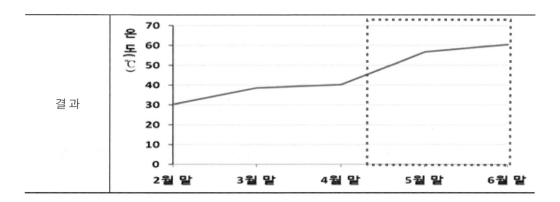

자료 해석

○ 맑은 날 사구 표면 온도는 비열이 낮은 미세한 모래 입자들이 태양 복사 에너지를 받아 매우 덥다.

○ 거미와 곤충들은 45℃가 넘어가면 생존에 어려움을 가진다.

○ 5월이 되면 사구 표면 온도가 매우 높기 때문에 적정 온도를 찾아 높이 올라간다.

○ 수컷이 높이 올라가는 이유는 체온 조절을 위한 것으로, 첫째 발가락을 들어서 감지하는 행동은 암컷의 위치를 추적하는 것으로 사료된다.

4) 겨울나기 위한 구조

굴 속	모래 특성	치밀한 구조	하얀 거미줄

4-1) 신두리 사구내 거주지 주변의 온도

구분	평균 온도		측정 위치
A	9.2		A:1.5m
B	11.4		B:거주지
C	18.9		C:사구표면
D	양지	8.2	D:5cm
	음지	2.8	

결과

자료 해석

○ 여름에 시원 한곳에 거주지를 두고 있던 주홍거미는 겨울을 나기 위해서 따뜻한 곳으로 옮기는 경향이 있다.

○ 거주지 내부의 솜 같은 흰색의 거미줄은 보온 효과가 있다.

5) 학교에서의 기온 측정

낮	월 · 일	5월 14일	5월 26일	6월 23일	7월 8일
	기온(℃)	24.20	26.54	29.35	31.65
밤	월 · 일	5월 15일	5월 27일	6월 24일	7월 9일
	기온(℃)	15.80	17.36	21.76	24.45

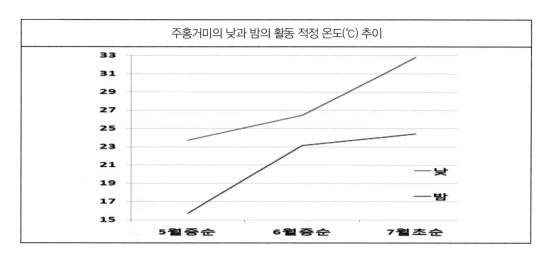

주홍거미의 낮과 밤의 활동 적정 온도(℃) 추이

이와 같이 분석하여 다음과 같이 자료를 해석할 수 있었다.

자료 해석

○ 밤의 최저 온도: 약 15.1℃

○ 낮의 최고 온도: 약 36.8℃

○ 활동 범위 온도: 15.1(밤)~36.8℃(낮)

○ 선호하는 온도: 24~32℃

다. 알아낸 점

○ 암수 모두 비가 올 때는 발견할 수 없었다.

○ 수컷은 비온 후 사흘 동안 맑은 날이 이어지면 3일째 가장 활발히 움직였고, 사구 표면의 고온(50~65.6℃)을 피하여 선호하는 온도(24~32℃)를 향해서 최고 1.5m까지 올라간다. 암컷은 사구 표면에 누워서 체온을 조절한다.

○ 북풍에 대비하여 소나무를 바람막이로 이용하거나, 언덕의 경사가 남향이 되는 쪽으로 미리 이주한다.

○ 모래(건계성 토양)는 비열이 작아 기온 상승에 따라 빨리 표면 온도가 올라가게 하며, 지중

온도는 1월을 제외하고는 영하로 떨어지지 않기 때문에 체온 유지에 도움이 된다.

ㅇ 눈이나 비가 그물 안으로 들어갈 수 없는 구조이며, 찬 공기가 들어오지 못하도록 모든 구멍(출입구, 탈출구)을 막아 기온이 떨어지는 것을 방지한다.

ㅇ 내부에 흰색의 솜털같은 거미줄로 가득 채워 햇빛을 흡수하여 보온하고, 또한 찬바람이나 외부 충격으로부터 거주지 및 거미 자신을 보호한다.

ㅇ 눈이나 식물체들의 쓰러져서 삭은 것들에 의해 보온되었으며, 빈 주홍거미의 거주지에는 다른 종의 거미들이 발견되기도 하였다. 이는 주홍거미들과 곤충들(고라니 포함)이 선호하는 최적 장소라 할 수 있다.

6. 모래파기의 달인인 주홍거미의 생존하기 위한 자기 방어에 대한 연구

가. 연구 방법

ㅇ 적으로부터 자기 보호는 육안 관찰법, 현미경으로 조사한다.

나. 연구 결과

치밀한 구조	보호색	탈출구	배수 이용
모래 이용	알주머니 보호		점액성 거미줄

다. 알아낸 점

가) 거주지 측면으로 볼 때

○ 실크처럼 체판실로 천정과 바닥면을 매우 정교하고 치밀하게 쳐서 천적이 자신을 볼 수 없게 한다.

○ 거주지의 출입구 안쪽 좌우로 구멍을 뚫어 천적으로부터 빨리 도주할 수 있는 탈출구를 만들어 놓았다.

○ 거주지 안쪽에 점성이 강한 거미줄은 침입자의 행동을 약화되도록 하고, 치밀한 거주지 안에 알을 낳고 또 다시 알주머니를 쳐서 2중적으로 대비한다.

○ 산란 후에는 주거지 안쪽을 솜털과 같은 점액성 물질이 달린 거미줄로 빽빽이 해놓고 외부 충격과 동사에 대비하였다.

○ 주거지에 물이 들어오지 못하도록 1차적으로 식물체에 의해서 배수가 되도록 거주지 위쪽에 식물들을 이용하였고, 2차적으로 치밀한 구조를 만들어 방수되도록 하였으며, 지면을 따라 흐르는 빗물에 대비하여 뜬 구조로 만들어 놓았다.

○ 사구의 높은 곳의 경사지를 선정하여 홍수에 침수되는 지형을 피하였다.

○ 먹이잡이 후 먹은 흔적을 없애고, 자기의 위치를 노출시키지 않게 사체의 각질층을 지상 또는 지하부에 부착시켜 놓았다.

나) 자연 환경 이용 측면에서 볼 때

○ 거주지의 색깔과 유사한 죽은 식물체들을 이용하여 덮어 놓음으로써 천적이 거주지를 쉽게 찾아볼 수 없도록 하거나, 식물의 탄성 및 지지 작용이 되도록 이용하였다.

○ 거미줄로 모래를 붙여 거주지를 지탱하는 중심축(건축물을 지을 때 기초공사처럼)이 되도록 하고, 맑은 날이 계속될 때 사구의 모래가 계속 말라서 적으로부터 위협을 받으면 모래 속으로 파고 들어가서 자기 자신을 은폐 및 탈출구로 이용하였다.

다) 신체적 특성 측면에서 볼 때

○ 외부 자극을 받으면 첫 번째 다리 두 개를 들고 상대를 위협하거나, 강력한 위턱의 엄니와 독샘을 가지고 있으며, 움직일 때 건드리면 죽은 척하거나, 생명줄을 달고 떨어진 다음 죽은 척한다.

○ 때로 위협을 느끼면 튼튼한 다리로 쏜살같이 도주한다.

○ 한 배에서 태어났어도 강한 거미가 약한 거미를 잡아먹기도 한다.

7. 주홍거미의 생존을 위협하는 요인에 대한 연구

가. 연구 방법

○ 연구지에서 주홍거미가 더 이상 발견되지 않은 자연적인 요인과 인위적인 요인을 찾아낸다.

나. 연구 결과

생존을 위협하는 주요 요인

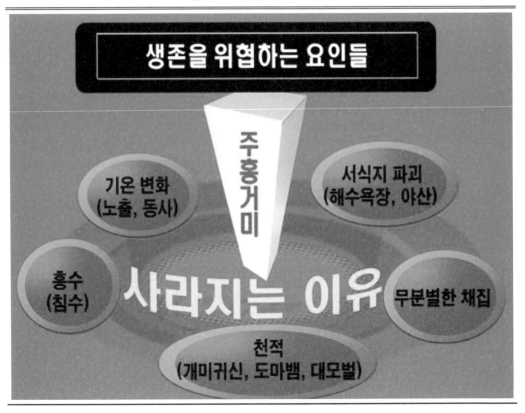

사유	손실된 거주지 수	결과
홍수	10	
사구 복원 사업	8	

다. 알아낸 점

○ 인간적인 요인으로는 어떤 특정지역에서만 집단생활을 하는 주홍거미의 중요성에 대한 인식 부족으로 인한 신두리 해안사구 복원사업처럼 모두 뒤집는 인간들의 무차별한 환경 파괴, 짝짓기 철에 배회하다가 쉽게 눈에 띄어 무분별한 채집으로 인해 수컷의 개체 부족으로 짝짓기가 이루어 지지 않아서,

○ 생물학적 요인으로는 개미지옥에 빠져 죽던가, 도마뱀, 벌 등에 의한 천적에 잡혀 먹혀서,

○ 기상학적 요인으로는 장마철 급격한 빗물과 함께 운반되어 온 모래에 의해 묻히거나 저지대 에서 서식하다가 침수, 기온 변화에 따른 노출 및 동사에 의해서 줄어드는 것으로 사료된다.

8. 주홍거미의 국내 서식지 및 보전 방향에 대한 연구

○ 국립농업과학원 곤충산업과 이영보 박사님과 곤충 생태를 연구하시는 성○ ○ 선생님이 제 공해주신 정보와 그간 보고된 논문을 참고하여 제작하였다. 이 서식지 이외의 지역(강원도 와 충 북) 몇 곳은 본 연구자가 확인하러 갔지만 미확인 상태로 첨가하지 않았다.

가. 연구 방법

○ 국립농업과학원 곤충산업과 이영보 박사님과 곤충 생태를 연구하시는 성○ ○ 선생님께서 제공해주신 정보를 분석한다.

○ 직접 가서 확인한다.

국내 서식지

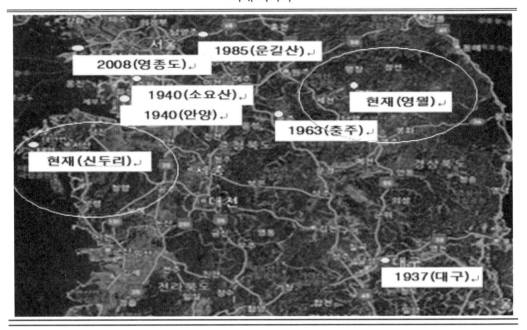

주홍거미 보전 방향

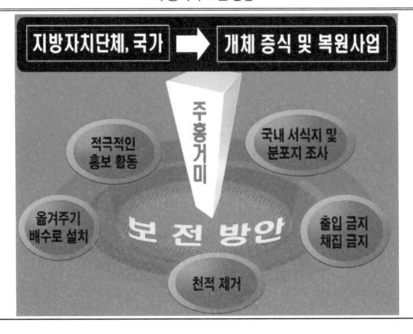

다. 알아낸 점

○ 현재까지 확인된 서식지는 신두리 해안 사구와 강원도 영월 두 곳으로, 국내 서식하고 있는 그 영역이 현저히 줄어들고 있으며, 그 거주지는 북상하는 경향을 보인다. 이는 지구 온난화 현상으로 기인되는 것으로 추정한다.

○ 보전 방향으로는 빠른 시일 내 국내 서식지 및 분포지 조사하고, 출입 및 채집을 한시적으로나마 제한하여야 할 것이며, 천적 제거 활동, 옮겨주기, 배수로 설치 무엇보다 적극적인 홍보 활동을 통한 범국민적인 보호 운동을 전개하여 할 것으로 사료된다.

○ 또한 지방자치단체나 국가 차원에서 개체 증식 및 복원 사업을 실시하여야 한다.

Ⅵ. 결론 및 제언

『주홍거미야! 머지않아 멸종되겠다. 너는 어떻게 사니?』란 주제로 연구한 결론을 다시 일목요연하게 정리하면 다음과 같다.

■■ 1. 연구과제에 대한 핵심 내용

○ 멸종위기후보종 주홍거미는 만주아구의 경계에 서식하고 있는 지표종으로써 꼭 보호되어야 한다. 개미지옥에 빠져 죽은 주홍거미와 수컷 주홍거미의 이동 경로를 추적하여, 4년에 걸쳐 수컷 69개, 거주지 53개, 총 122개를 찾아 연구한 서식과 생태적 특성은 아래와 같다.

연구과제Ⅰ. 주홍거미의 외형적 특징에 대해서

○ 새끼는 진회색으로 성체와 닮았지만, 암수의 구별이 어려웠다.

○ 수컷은 배등면이 주홍빛이고, 머리 부분이 특히 융기하고, 뒤쪽으로 갈수록 급경사를 이루며, 4개의 큰 검정 색의 무늬를 배등면에 가지고 있다.

○ 암컷은 검은색이고 수컷보다 2배 정도 더 컸고, 근육점은 작은 4쌍으로 이루어져 있다.

○ 다리에는 3개의 발톱이 있고, 짧고 굵으며, 각 마디 끝부분에는 흰색의 털이 나 있다.

○ 거미줄판은 암컷에게는 있지만 수컷은 퇴화되어 없다.

○ 강원도 영월의 주홍거미는 크기가 약 1.5 cm 정도로 작고 체색은 갈색을 보였으며, 이는 개체변이에 의한 것으로 사료된다.

연구과제Ⅱ. 주홍거미의 구혼 및 짝짓기에 대해서

○ 짝짓기를 위해 수컷들은 5월 5일부터 6월 29일까지 암컷을 찾아 돌아다니는데 그 가장 활발한 활동 시간은 오후 2시부터 4시까지이다. 암컷을 발견한 수컷은 암컷 거주지 주변에서 첫 번째 다리를 좌우로 흔들면서 춤을 추는 구애 행동을 한다. 암컷이 화답을 하면 조금씩 멈췄다 다가가기를 반복한 후 거주지로 들어간다. 짝짓기 후 수컷은 밖으로 나와서 이동한 후 7월 초순 죽는다.

연구과제Ⅲ. 주홍거미의 산란과 부화에 대해서

○ 산란은 6월 중순에서 7월 초순이 일반적이나 10월 중순에 산란하는 것도 발견되었다. 뜬굴뚝형은 굴뚝 안에, 뜬좌판형과 뜬천막형은 거주지의 천정과 굴속에 약 200여개를 흰색의 원반형(강원도 영월: 구형)으로 낳아 알주머니를 완성하는 데까지는 1주일 정도가 걸린다. 알주머니는 다리로 꼭 붙들고 있으며, 맑은 날에는 출입구의 구멍을 키운 후 알을 따뜻하게 햇볕을 쬐어 준다.

○ 산란 후 15~20일이 지나서 부화한 새끼들은 알주머니를 스스로 뚫고 나와서 거주지에 죽어 있는 어미의 체액을 먹고 성장한다.

○ 거주지 밖으로 선발대가 나오면 그 다음 새끼 거미들도 선발대가 쳐놓은 거미줄을 따라 이동하는 습성을 보였고, 이 때 아사회성을 이루며 생활하는데, 간혹 독립개체로 작은 거주지를 만들어 생활하는 거미들도 있다.

연구과제Ⅳ. 주홍거미의 서식과 생태에 대해서

연구과제Ⅳ-1	분 산

○ 크기가 5~6 mm 정도가 된 새끼는 3월 초 20℃ 이상이 넘으면 높은 곳으로 올라가 서서히 분산하기 시작하여 독립된 생활을 한다.

연구과제Ⅳ-2	거 주 지

○ 우리나라에 사는 주홍거미의 거주지의 구조와 세부기능에 대해 보고된 바가 없다. 식물체의

특성과 지형의 특성에 따라 다양하게 만드는데 4가지 형태(뜬좌판형, 뜬천막형, 뜬굴뚝형, 뜬쌍굴뚝형)로 분류하였다.

○ 거주지의 지상부는 방수, 자외선 차단, 자기 보호, 먹이 유인, 산실과 탈피실의 기능을, 여름으로 갈수록 깊이 파고 들어가는 지하부는 거주, 은신, 온도 조절, 습도 조절, 탈출구의 기능을 한다.

○ 1년 전에 죽은 띠풀, 억새풀, 사초류, 갯그령, 떨어진 솔잎 등 거미그물의 색깔과 유사한 식물들이 엉성하게(솔잎 제외) 형성되고, 빛이 잘 드는 곳, 사구 중간 이상의 높이로 경사가 12°이하, 방향은 남동과 남서쪽을 선호한다.

○ 거주지를 만들 때 죽은 식물체 틈 사이로 들어가서 온몸으로 들어 올리면서 공간을 확보한 후, 주변을 돌아다니면서 연한 갈색의 기초실로 식물체를 잡아당기면서 위장을 하면서 튜브형의 수평형 굴을 만든다. 그 다음 굴의 모래를 파서 지표면으로 밀어내는데 이 행동은 0시에서 6시 사이에 일어난다. 이때 지하부의 굴을 사구 경사면에 수직으로 파고 들어가고, 어느 정도 기본적인 틀을 만든 후 시간의 흐름에 따라 더 두껍고, 조밀하게 완성해 나가는데 거미의 형태가 밖에서 보이지 않을 정도까지 한 달 정도 소요가 된다.

○ 거주지의 2개 이상인 출입구와 탈출구는 먹이가 되는 곤충에게 마치 은신처처럼 제공하여 유인하는 역할을 하는 것과 동시에 거미에게는 출입과 적으로부터 탈출이라는 이중적인 기능을 가지고 있다.

○ 출입구는 비가 오기 하루 전, 겨울, 산란 또는 탈피 시에는 닫아놓고, 맑은 날에는 다시 열어놓는 경향이 있다.

○ 거주지를 이루고 있는 거미줄의 특성은 갈색 기초실과 설렁줄, 전대그물 바깥쪽은 점성이 없으며, 내부에 있는 거미줄들은 모두 강한 점성을 가지고 있어 먹이 포획, 천적으로부터 자기 보호 기능을 하고 있었다.

○ 기초실과 설렁줄은 식물체 사이를 오고가면서 점성이 있는 거미줄을 돌돌 말아가면서 많이 만든 후 부착실로 고정을 한다. 튜브형의 거미줄과 체판실은 거미줄을 실타래를 엮듯이 빠른 속도로 많이 뽑은 후, 네 번째 다리 2개를 쫙 벌려서 고정시키기를 반복하여 만든다. 외부 자극에 대해 떨어질 때 쓰는 생명줄은 다른 정주성 거미들과 다르게 단지 낙하하는 용도로만 쓰고 있었다.

○ 바람에 날려 쌓인 신두리 사구 모래의 특성은 태양 복사에너지에 쉽게 데워지고, 비가 오면 수막현상으로 1.5~2 m 정도만 젖을 뿐 안쪽으로 흡수되지 않고 배수되도록 한다.

○ 또한 바람이 불어 모래가 거주지 내부로 들어가거나, 성장하면 살 공간이 넓어져야하기 때문에 거미줄에 모래를 묻혀 밖으로 옮기는 행동을 한다.

○ 거미줄에 부착된 많은 모래는 거주지를 고착 지지하는 기능을 한다. 도한 외부의 강한 자극에 대해서는 굴 속 아래로 파고 들어가 탈출할 수 있는 기회 제공이 되기도 한다.

○ 마른 모래 밑에는 조금만 파고 들어가면 수분이 많은 젖은 모래들이 발견된다. 이는 심한 가뭄 대 체내 수분을 마르지 않도록 하여 생명을 유지할 수 있도록 해주기도 한다.

○ 하지만 홍수 때는 빗물과 함께 흐르는 모래 퇴적물로 인해 거주지가 묻혀 미처 피하지 못한 주홍거미는 죽어서 사체로 발견되는 것을 보면 개체수 감소의 한 요인이 되기도 한다.

연구과제Ⅳ-3	탈피와 성장

○ 거미는 변태를 하지 않으며 1회 탈피할 때마다 약 1 mm정도 씩 커간다. 탈피는 새끼는 거미줄에, 성체는 거주지 안에다 하며, 암컷은 탈피각을 거주지 밖으로 거미줄을 달아 이동시켜 놓지만, 수컷은 방치해 놓는다.

○ 수컷은 17개월이 지난 4월 초에 마지막 탈피를 하면 배등면이 주홍색으로 변하며, 거주지 안에서 생활한다. 약 2주 정도가 지나면 그 때부터 거주지 밖으로 나가기 시작하는데 돌아다니다가 집으로 돌아오는 귀소 본능을 보였다.

○ 수컷은 5월에는 14시에서 16시까지, 6월 말로 갈수록 12시에서 18시까지 그 활동 시간의 범위가 넓어졌다. 이 때 천적으로부터 눈에 잘 띄는데도 돌아다니는 것은 종족 유지를 위한 강한 본능으로 생각되며, 일몰 시간에 가까워지면 일제히 사라지는 이유는 먹이를 잡기 위해서와 천적에 대한 자기 방어이고, 짝짓기를 한 후 죽는다.

○ 암컷은 39개월이 넘은 4월 초에 마지막 탈피를 하면 윤기가 나는 검은 색으로 체색이 변하고, 거의 거주지 안에서 생활한다. 짝짓기 후 산란을 하고 알주머니를 관리하며, 거주지에 흰색의 거미줄을 가득 채우면 죽어서 새끼의 먹이가 된다.

○ 암컷이 거주지 밖으로 나오는 경우는 야간에 먹이잡이를 할 때, 비가 온 후 매우 맑은 날 체온 조절을 할 때, 거주지를 보수 보강 할 때이다.

연구과제Ⅳ-4	먹이잡이

○ 새끼들은 큰 먹이가 다가오면 도망을 간다. 작은 먹이는 한 마리가 앞 쪽을 다른 한 마리가 뒤 쪽을 공격하여 물어뜯기를 한다. 이럴 때 진동이 다른 거미들에게 전달이 되면 여러 마리가 다가와 한꺼번에 공격하여 잡은 후 먹는다.

○ 또한 새끼들은 식물체 틈, 식물체나 사구 사이의 틈에 잠복해 있다가, 지나가는 작은 먹이를 기습하여 잡아먹는다.

○ 성체들은 거주지에 전달되어 오는 진동에 의해 반응한다. 먹이들이 식물체 사이를 움직이면서 생기는 자극은 기초실과 설렁줄을 타고 거주지로 전달되면 이를 감지한 거미는 거미줄을 잡아당겼다가 놓으면서 먹이의 방향을 감지하면 먹이 가까이 서서히 다가간다. 먹이는 앞발가락 두 개로 포획을 한 후 구기로 물고 들어가 먹은 후, 사체는 거주지 밖에다가 거미줄로 부착시켜 놓는다.

○ 굴뚝형의 경우 먹이가 그물에 걸리면 발가락으로 그물을 잡아당긴 후 항문 쪽으로 북을 치듯이 반복하여 먹이가 밑쪽으로 이동하도록 한다. 먹이가 밑쪽으로 내려갈수록 거미는 위쪽에서

동일한 방법을 반복한다. 사구 표면에 떨어진 먹이는 거주지 내부로 발가락으로 잡아 당겨서 독액을 주입한 후 먹이를 먹는다. 이 때 대부분이 출입구(탈출구)를 먹이로 막아 자기 자신을 숨긴 후 섭취한다. 섭취하고 껍질은 거미줄로 바깥에 매달아 놓는다.

연구과제IV-5	고온일 때와 겨울나기

○ 비가 올 때에는 출입구 및 탈출구는 모두 하루 전부터 막아 놓고 날씨가 맑아지면 뚫어 놓는다. 거주지 밖으로 나와서 움직이지 않는다.

○ 수컷들은 비가 온 후 맑은 날이 3일 째 계속되어 사구 표면의 온도가 50°이상이 되면 더위를 피해 수풀 위로, 또는 억새풀 1.5 m 위까지 지표면의 더위를 피해 올라가서, 암컷들은 비가 온 후 맑은 날이 되면 사구 표면으로 나와 옆으로 누워 잠을 자면서 일광욕을 하면서 체온을 조절하는 습성을 보였다.

○ 주홍거미는 부화한 후 3~4 mm 크기로 거주지 안에서 겨울을 보낸다. 겨울에는 식물들로 북풍을 막을 수 있는 곳과 사구 언덕의 기울기가 남쪽을 향한 곳으로 이동하여 생활한다. 이때 출입구를 모두 막아 찬바람을 차단하며, 거주지 내부를 모두 하얀색의 솜털 같은 거미줄로 채워서 보온을 한다.

○ 또한 식물체가 썩을 때 발생하는 열, 주간에 받는 태양복사에너지에 의한 급격한 모래의 온도 상승(1월 맑은 날 한 낮의 온도 30℃ 정도), 매우 조밀하게 친 거주지의 방수 및 단열 효과에 의한 보온을 이용하여 지낸다.

연구과제IV-6	천적으로부터의 자기 보호

○ 강력하고 큰 턱, 사물을 식별할 수 있는 눈, 빠른 속도를 낼 수 있는 다리 등은 방어 및 도주를 하는데 용이하다.

○ 거미줄과 유사한 식물체의 이용, 견고하고 조밀하게 친 거주지, 땅속의 굴, 2개 이상의 탈출

구를 만들어 천적으로부터 자신을 보호한다. 이때 비가 많이 올 경우는 위쪽으로 탈출하고, 천적으로부터 탈출할 때에는 굴속으로 또는 굴 속 아래 모래를 파고 들어가 모래에 몸을 숨기는 습성이 있다.

○ 특히 알을 보호하고자 알주머니, 흰색의 점성 있는 솜털 같은 거미줄, 거주지의 전대그물, 모래달린 거미줄, 사체가 부착된 거미줄, 죽은 식물체를 이용하여 보이지 않게 한다.

연구과제Ⅳ-7	주홍거미의 생존을 위협하는 요인

○ 주홍거미의 생존을 위협하는 요인으로는 장마철 홍수로 인해서, 서식처 파악 및 생물자원의 중요성에 대한 인식 부족으로 인한 서식처 파괴 등이 있다.

연구과제Ⅳ-8	국내 서식처 및 보전 방향

○ 현재 주홍거미가 서식하고 있는 곳은 본 연구지인 신두리 해안 사구와 강원도 영월 두 곳으로 확인되고 있다.

 ## 2. 본 연구에서 새롭게 밝혀낸 사항

연구 과제		내 용
Ⅰ	외형적 특징	○ 체색의 변화 과정 ○ 신두리 해안사구와 강원도 영월의 개체변이
Ⅱ	구혼 및 짝짓기	○ 짝짓기 시기 및 시간 ○ 구혼 행동 ○ 짝짓기 후 수컷의 행동
Ⅲ	산란과 부화	○ 산란 시기 ○ 신두리 해안사구와 강원도 영월의 알주머니 차이 ○ 암컷의 알주머니 관리 ○ 부화 시기

연구 과제			내 용
IV	거 주 와 생 태	IV-1 분산	○ 분산 시기와 온도
		IV-2 거주지	○ 거주지 만드는 방법 ○ 거주지의 형태학적 분류 ○ 식물체 이용 특성 ○ 거주지의 세부 구조와 기능 ○ 거주지의 방위각과 경사각 ○ 계절에 따른 굴의 깊이와 이유 ○ 거미줄에 묻혀놓은 모래의 기능 ○ 거미줄과 기능 ○ 수컷 거주지 ○ 거주지의 탈출구
		IV-3 탈피와 성장	○ 탈피 위치와 행동 ○ 암수의 탈피각의 처리 차이 ○ 마지막 탈피 시기 ○ 암수의 연령 ○ 암컷이 거주지 밖으로 나올 때 ○ 주홍거미의 하루 생활 ○ 주홍거미의 시기별 생태
		IV-4 먹이잡이	○ 먹이의 종류 및 방법 ○ 먹이잡이 신호 전달 체계 ○ 먹이에 따른 거주지의 변화
		IV-5 고온일 때와 겨울나기	○ 비올 때의 특성 ○ 고온일 때의 암수 행동 특성 및 시기 ○ 겨울나기 위한 전략
IV	거 주 와 생 태	IV-6 자기보호	○ 2개 이상의 탈출구 ○ 거미줄에 묻힌 모래의 기능 ○ 모래의 특성 활용 ○ 솜털같은 흰 거미줄의 기능 ○ 거주지에 붙어있는 사체의 기능
		IV-7 사라지는이유	○ 홍수로 인한 자연 재해 ○ 무분별한 개발로 인한 환경 파괴
		IV-8 생태지도	○ 현재 주홍거미의 서식처

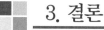

3. 결론

○ "주홍거미야! 머지않아 멸종되겠다. 너는 어떻게 사니?"란 주제의 본 연구의 결론은 다음과
같다.

가. 주홍거미의 생활사는 다음 표와 같이 정리할 수 있다.

서식 및 생태적 특성 종합

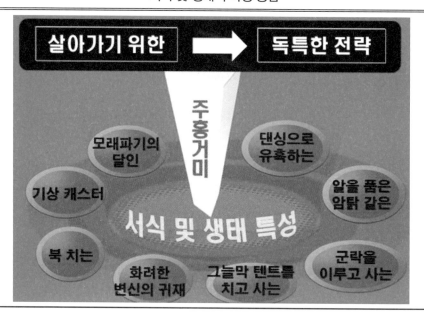

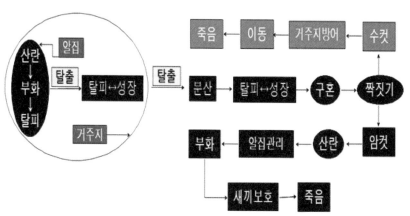

순서	1	2	3	4	5	6	7
시기	7월초 ~7월말	7월중순 ~8월중순	7월말	다음해 2월중순	3월초	수컷:3월초 ~다음해 3월말암컷:3월초~30개월후 3월말	4월초
수컷 / 암컷	산란	부화	탈피	탈피	분산	탈피와 성장	마지막 탈피

순서	8	9	10	11	12	13	14
시기	4월초 ~4월중순	4월중순 ~4월말	5월초 ~6월말	5월중순 ~6월중순	7월초	7월초 ~7월말	7월중순 ~8월말
수컷	거주지내 생활	거주지 들락날락	암컷 찾아 배회	짝짓기	죽음	.	.
암컷			짝짓기 준비		산란 및 알주머니관리		새끼겨울 나기준비 및 죽음

나. 주홍거미는 사구 내에서도 특정 지역에서만 군집 생활을 하면서 수컷의 수명은 2년, 암컷은 4년을 살며, 거주지의 지상부는 식물체의 특성을 이용하여 4가지 형태의 조밀하고 치밀한 그늘막 텐트처럼 뜬 구조를 만들어서, 지하부는 모래를 파 낸 후 흰색의 거미줄을 부착하여 무너지지 않게 하였으며, 사구 경사면에 수직으로 판 굴을 만들어 생활하였다. 이 중에서 특히 거주지의 지상부와 지하부에 탈출구들을 만들어 놓았다는 것이다. 위급상황에서는 모래를 파는 달인이 되어 탈출한다. 또한 땅속으로 거미줄에 모래를 묻혀 길게 뻗도록 만들어 새끼 거미들이 그곳으로 은신할 수 있도록 하는 생활 방식 등을 선택하며 살아남기 위한 생존 전략을 펼치고 있었다.

다. 주홍거미의 서식과 생태적 특성은 환경에 매우 민감함을 알 수 있었다. 식물체의 특성, 토양, 일조량, 강수량, 방위각과 경사각 등의 서식환경이 비슷한 곳인데도 논밭이 있는 곳, 사람들이

다니는 곳에는 주홍거미를 찾을 수 없었다. 식물체적 특성으로 볼 때 서식지 주변에 소나무와 억새가 있고, 띠풀, 갯그령, 통보리 사초, 좀보리 사초, 갯잔디, 솔잎 등 죽은 식물체들의 탄성을 이용하고 있었다. 이는 주홍거미가 거주지를 만들 때 수풀 사이로 몸이 들어가기 쉽기 때문이며, 은신과 배수, 수분 조절 및 보온이 좋기 때문으로 사료된다.

토양적 측면에서 볼 때 사구 모래나 황토처럼 입자는 작아야 한다는 점이다. 입자가 작아야 비가 내리면 수막을 형성하여 토양 안으로 물이 빨리 흡수하지 않으며, 흡수된 물은 쉽게 증발이 되지 않기 때문이다. 수분은 주홍거미의 피부의 건조를 막아주고, 거주지가 무너지지 않도록 접착제 역할을 해주기 때문이다. 그러므로 서식지의 모래나 황토는 주홍거미의 보호를 위해서 채취해서는 안 된다.

라. 일본에는 서식하지 않는 만주아구의 지표종인 생물자원으로서 그 가치가 매우 중요한 주홍거미는 그 동안의 보고 자료를 종합해보면 서식지가 현저히 줄어들고 있다. 주홍거미가 사라지는 이유를 볼 때 홍수때 상당히 많은 수가 죽는다. 더불어 인간들의 무분별한 개발로 인한 서식지 환경 파괴도 심각하다고 볼 수 있겠다. 이에 국가차원에서 빠른 시일 내에 국내 서식지와 그 개체수를 파악하고 영국처럼 멸종위기종으로 지정되어 보호해야한다고 생각한다.

4. 제언

본 연구지는 표범장지뱀, 상제나비, 까마귀부전나비도 발견되고 있는 중요한 서식지이기 때문에 꼭 보호되어야 한다고 생각되며, 다음과 같이 활용될 수 있으리라고 본다.

첫째, 조금 더 자세한 주홍거미의 서식과 생태를 연구하는 사람들에게는 밑거름이 되는 중요한 자료로 활용될 것이다.

둘째, 거주지의 구조와 기능에 대한 특성을 더 과학적으로 분석하여 활용한다면 친환경적인 건축학에도 많은 도움이 될 것이다.

셋째, 주홍거미를 보호하기 위한 교육 자료로 많은 활용도 기대된다.

VII. 보완하고 싶은 점

거주지 내에서의 암컷은 많은 수컷들 중에서 어떤 선택을 하는지 등의 짝짓기 행동, 거주지와 생태 파악에 주력하다보니 못했던 과학적인 실험을 통해 의문점들을 보완하고, 너무 늦게 소식을 들어 확인하지 못한 강원도 일대의 주홍거미 서식처를 꼭 밝혀내서 더 정확한 서식지와 생태 지도를 완성하고 싶다. 또한 지구 온난화 현상과 주홍거미의 관계와 대량 증식을 위한 새끼들의 먹이가 무엇이 가장 타당 하는지를 밝혀내고 싶다.

Ⅷ. 연구를 하면서 느낀 점

나는 우리 학생들에게 꿈! 미쳐야 미치는 것! 그것은 나의 것!이란 말을 자주한다. 몇 해 전부터 고등학교 진학에 내신 성적이 매우 중요해지면서 시간 투자가 많이 요구되는 탐구활동 중심의 대회에는 참여하지 않으려고 한다. 그래서 우리 학생들에게 몸소 실천에 옮겨 보여주고 싶었다.

본 작품을 제작하게 된 가장 큰 요인은 주홍거미가 멸종되기 전에 누군가는 밝혀야 한다는 소명감 때문이다.

4년 동안 시간 날 때마다 신두리 해안 사구에 가서 몇 시간씩을 살았다. 여름 한낮의 사구 온도가 60℃를 넘나들어 몇 시간 있으면 현기증이 날 정도로 무더웠다.

무엇보다 힘들었던 것은 개체수가 적어서 30만평을 일일이 몇 번을 헤쳐가면서 거주지를 찾아야만 했던 점이다. 발에 물집이 생기고, 티눈이 생겨 걸을 때마다 아프기도 했다.

하지만 우리 거미사랑 동아리 학생들과 학부모님의 도움을 받으면서 한 탐사 활동을 생각하면 좋은 추억도 떠오른다.

더불어 우리 학생들의 학창 시절에 나 같은 선생님이 한 명이라도 있어 즐거울 수 있다면, 내 시력이 다하는 그 날까지 그 언젠가 내 제자 중에서 노벨상을 타는 과학자가 나오길 희망하면서 다음 글을 되뇌어 본다.

"훗날 훗날에 나는 어디선가 한숨을 쉬며 이야기할 것입니다.   숲 속에 두 갈래 길이 있었다고, 나는 사람이 적게 간 길을 택하였다고,   그리고 그것 때문에 모든 것이 달라졌다고."

끝으로 질의 사항에 성심성의껏 답해주신 이영보 박사님, 또 다른 서식처를 알려주신 성기수 선생님께 진심으로 감사함을 전하고 싶다.

비록 먼 훗날엔 주홍거미에 대한 현재의 내 연구가 아주 작을지라도 지금까지의 노력과 결과에 큰 긍지와 자부심을 가진다.

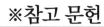

※참고 문헌

○ 김주필(2002)『원색한국거미도감』아카데미 서적

○ 김주필(1996)『거미줄의 연구』한국거미연구소

○ 한국거미연구소(2006)『한국거미 제22권 1호』한국거미연구소

○ 김주필(2008)『거미 생물학』바이오 사이언스

2부 주홍거미 여지도

Ⅰ. 연구 동기 및 목적

1. 연구 동기 및 목적

국제적 환경 및 기후변화 민감종인 주홍거미(Ereus cinnaberinus Walckenaer, 1805)는 세계 동물분포 지역을 볼 때 만주아구 중 한국이 최남단 지역에 속한다. 전 세계적으로 10속 103종이지만, 국내에는 1종만 서식하고 있다. 영국에서는 오래 전부터 국가보호종으로 지정하여 보호하고 있고, 일본에는 전혀 서식하지 않는다고 한다.

주홍거미에 대한 기록을 보면 과거에는 여러 지역에서 발견되어 전국적으로 분포하고 있다고 표현되어 있지만, 그 서식지에 대한 정보가 거의 없어 확인이 어렵고, 근래에도 체계적인 조사나 탐사가 전혀 이루어지지 않아서 그 생태적인 특성에 대한 연구 자료도 너무나 미미하다. 그래서 겨우 매우 희귀하다는 표현과 멸종위기후보종(種)이란 인식만 있을 뿐이다.

그래서 본 저자들은 2008년부터 신두리 해안 사구에 서식하는 주홍거미를 중심으로 그 생태를 4년이 넘는 동안 연구하여 '주홍거미야! 머지않아 멸종되겠다. 너는 어떻게 사니?'란 주제로 연구를 하였고, 그 내용이 1부에 실려 있다. 그런데 연구가 끝난 후, 서해안 사구들을 거의 조사한 후, 신두리 해안사구에만 서식하는 줄만 알았던 주홍거미가 강원도 영월군 남면에서 수컷을 보았다는 소식을 듣게 되었고, 한 달음에 영월에 가서 확인한 결과 12개체의 주거지를 찾을 수 있었다.

만약 다른 지역도 분포한다면 앞의 연구와 어떤 차이가 있는지, 신두리 해안사구와 강원도 영월군 남면의 두 지역에만 서식하는지, 아니면 전국적으로 분포하는지를 밝혀내고자 하였다. 그래서 연구의 목적을 아래와 같이 선정하여 지속적인 탐사 활동을 하게 되었다.

첫째, 국내 최초 주홍거미 생태지도인 주홍거미여지도를 완성하여 멸종위기종이나 천연기념물로 선정하는 그 기준을 마련하고, 보전을 위한 자료를 구축한다.

둘째, 주홍거미여지도를 바탕으로 주홍거미의 생태학적, 지질학적, 기후학적인 환경의 공통점을 추출하여 DB자료를 제작하여, 종 증식 및 복원 사업에 도움을 준다.

셋째, 주홍거미의 종 보존을 위한 서식지 선정 및 서식지 관리 방안을 제시하고, 보전을 위한 체계적인 교육 자료와 홍보 자료를 제작한다.

Ⅱ. 선행 연구 자료 조사 및 분석

거미생물학, 인터넷, 논문, 전국과학전람회에 출품된 작품 등의 자료를 인터넷으로 수집한 후, 연구의 설계를 위해 사전탐사를 실시한 후 다음과 같이 설계, 진행하여 이론적인 배경을 구축했다.

1. 주홍거미에 대한 조사

선행조사 – 1	주홍거미의 분류학적 위치

o 한국산 거미목의 분류체계(김주필 등, 2005)에는 주홍거미를 아래와 같이 분류하고 있다.

한국산 거미목(Araneae)의 분류체계

o 동물계							o Animalia
	o 절지동물문						o Arthropoda
		o 거미강					o Arachnida
			o 거미목				o Araneae
				o 세실젖거미하목			o Araneomorphae
					o 주홍거미과		o Eresidae
						o 주홍거미속	o Eresus Walckenaer
							o 주홍거미	o Eresus cinnaberinus

선행조사 – 2	선행연구 논문 조사

o 논문집의 한 논문에는 다음과 같은 내용들이 수록되어 있었다.

논문	내용 및 특징
신두리 사구에 서식하는 주홍거미의 생태학적 고찰	○암컷 주홍거미 서식처 1개체 발견 후 사육 ○수컷의 활동 시기 및 시간 ○짝짓기 및 산란 시기 추정 ○어미 암컷이 죽어 있음(부성애와 모성애) ○새끼 주홍거미의 먹이 활동과 생활

선행조사 – 3　　　　　　　　　　전국과학전람회 조사

○국립중앙과학관 과학전람회 통합검색에서 "거미"로 검색해보니 다양한 작품들이 있었지만, 주홍거미에 관련된 작품은 2013년 본 교사가 출품하여 특상을 수상한 작품만이 있었고, 그 내용은 앞의 1부의 내용과 같다.

자료 분석　　　　　　　　　　선행 연구자료 분석

위 선행 연구를 분석해보면 다음과 같은 것을 알 수 있었다. 이영보 박사가 암수 한 개체를 발견하여 키우면서 관찰한 사항을 정리 후 한국거미학회지에 보고한 내용들은 추론에 근거한 자료들이 대부분이었다.

또한, 인터넷으로 검색되고 있는 주홍거미 관련 사진과 동영상 등은 저자들이 연구하면서 주홍거미 보전을 위해서 그 생태를 안내한 지인들이 올린 내용들이었다. 2014년 이후부터 그 관심도가 커지고 있고, 한국거미연구회를 비롯하여 보호해야 한다는 사람들이 많아지고 있는 실정이나, 국내에 주홍거미가 어느 지역에 어느 정도 서식하는지 그 생태 지역에 대한 자료는 전혀 구축되어 있지 않은 실정이었다.

이에, 본 연구에서는 주홍거미의 국내 서식지 분포 현황과 생태학적 특성 보완 및 개체수가 적은 원인, 보호 지역 선정과 관리 방안, 보전을 위한 교육 및 홍보 자료를 개발하여 국내 최초로 제시하고자 한다.

Ⅲ. 연구의 설계

　본 연구는 1부에 나와있는 주홍거미의 생태학적 특성을 바탕으로 다음과 같이 설계하여 제작하였다.

 ## 1. 연구 기간 및 절차

가. 연구 기간 : 2009. 05~2015. 07 (74개월)

나. 연구 절차

연구 기간	연구 과정	세부 실천 내용
○2009.05 ~ 2013.09	○주제 선정	○주제 선정 및 보완
○2013.05 ~ 2013.09	○동기 및 목적 선정	○동기 및 목적 선정
○2013.05 ~ 2013.09	○선행 연구 자료조사	○논문 및 선행 작품 조사 및 분석
○2013.05 ~ 2013.09	○연구 설계	○연구과제 및 흐름도 작성
○2013.05 ~ 2015.04	○연구 내용 및 방법	○연구 설계 보완 및 탐사
○2014.10 ~ 2015.04	○결과 분석 및 해석	○결과 분석 및 자료 해석하기
○2015.04 ~ 2015.07	○결론 도출 및 검증	○결론 도출 및 검증 ○보완 수정하기
○2015.04 ~ 2015.07	○보고서 작성 및 보완	○보고서 작성 및 보완
○2015.08 ~	○대회 준비 및 참가	

2. 연구 과제 및 세부 내용 선정

순서	일정	연구 과제	세부 내용
1	○2009.05 ~ 2015.07	Ⅰ. 주홍거미여지도 완성	○서식지 추적 및 답사 ○서식지 분석
2	○2009.05 ~ 2015.07	Ⅱ. 주홍거미여지도를 통한 생태학적 특성 보완	○짝짓기, 산란 및 부화 보완 ○생태적 특성 보완
3	○2009.05 ~ 2015.07	Ⅲ. 주홍거미의 개체수가 적은 이유	○지형에 따른 주홍거미의 서식지 분포 특성 ○주홍거미의 홀·짝수년형 2년주기적 생식 특성 ○특정 지질시대에 분포 ○특정 암석에 분포○토양의 특성 조사
4	○2009.05 ~ 2015.07	Ⅳ. 주홍여지도를 통한 기후학적 특성 조사	○산란 및 부화에 따른 기후 요소 분석 ○겨울나기에 따른 기후 요소 분석
5	○2009.05 ~ 2015.07	Ⅴ. 주홍거미의 생존을 위협하는 요인들 조사	○인위적 요인 분석○자연적 요인 분석
6	○2014.05 ~ 2015.07	Ⅵ. 주홍거미의 보전 대책 및 보호 활동	○보호지역 선정 ○보호지역 관리 방안 ○교육 및 보호교육 자료 개발

Ⅳ. 연구 방법 및 내용

본 연구는 6개의 연구 과제를 선정하여 2009년부터 신두리 해안사구를 중심으로 한 거미들의 기초생태조사를 바탕으로, 2013년부터는 강원도 영월군 남면부터 국내 탐사를 다음과 같은 과정으로 연구하였다.

1. 국내 최초 주홍거미여지도 완성

o주홍거미여지도를 완성하기 위한 과정에는 수많은 시행착오가 있었지만 그래도 보호에 관심이 있는 몇몇 분들의 많은 도움을 받으며 하나씩 완성시켜날 수 있었다.

가. 거주지 추적 아이디어 착상 배경

o수컷이 자주 출몰하던 지역을 중심으로 찾은 암컷 4개체가 지닌 자연 환경을 기초로 하여 30만평이나 되는 사구 전 지역을 샅샅이 수풀들을 헤치며 조사한 결과, 4년 동안 179개체가 서식하는 것을 확인하였고, 서해안 일대의 사구들을 찾아 나섰지만 신두리 해안사구를 제외하고는 발견할 수 없었다.

o그러던 중 MBC 방송국 창사 특집으로 자연다큐멘터리를 찍을 때, 주홍거미의 짝짓기에 대해 촬영한다고 하여 도움을 주면서 알게 된 곤충들의 생태 연구와 가이드를 하시는 성○○ 선생님으로부터 강원도에서 주홍거미 수컷을 본 적이 있다고 하여, 강원도 영월군 남면에서 12개체를 확인한 후, 국내 다른 지역에도 서식할 수 있다는 가능성을 믿고 거의 모든 주말과 방학을 이용하여 탐사를 시작하였다.

신두리 해안사구	강원도 영월군 남면

1). 서식환경 요소 추출하기

위치	지질	식물	햇빛	위치
신두리해안사구	풍성층 (모래)	좀보리사초 띠풀	잘 드는 곳	사구 위쪽 소나무 아래
강원도영월	석회암 지대 (테라로사)	가는잎사초 잔디	잘 드는 곳	묘지

2). 주홍거미에 대한 사진 검색 및 메일 보내기

가) 보낸 메일

달맞이 꽃님께

안녕하세요?

저는 주홍거미를 연구하는 충남 서산에서 중학생들을 가르치는 과학교사입니다.

어떤 분께서 이곳 카페에 가보면 사진을 볼 수 있다고 해서 들어와 보았더니 기쁘게도 제천에서 주홍거미 수컷을 찍으셨네요. 주홍거미를 찾아 6년 동안 우리나라를 돌아다니고 있답니다.

글데 서식지 확인 없이 돌아다니다 보니 무척 힘이 드는군요.

제천도 한 10여번 다녀왔답니다.

이 주홍거미는 멸종위기에 있어 보호해야만 된답니다.

이 사진 속 주인공은 1년이 조금 지난 주홍거미 수컷 사진이랍니다.

암컷을 찾아다닐 때만 땅 속에서 나와 돌아다닐 때 보신 것이랍니다.

한두 달 정도 눈에 띄인답니다.

달맞이꽃님!

이 사진을 찍으신 곳의 위치를 알려주시면 대단히 감사하겠습니다.

꼭 좀 부탁드립니다.

누군가는 이 아름다운 거미를 보호하기 위해 노력을 해야 할 것 같아 온통 찾아다니고 있답니다.

국내 서식지 지도를 만들어 보호하고자 합니다.

나) 받은 메일

달맞이 꽃님께

안녕하세요?

저는 주홍거미를 연구하는 충남 서산에서 중학생들을 가르치는 과학교사입니다.

어떤 분께서 이곳 카페에 가보면 사진을 볼 수 있다고 해서 들어와 보았더니 기쁘게도 제천에서 주홍거미 수컷을 찍으셨네요.

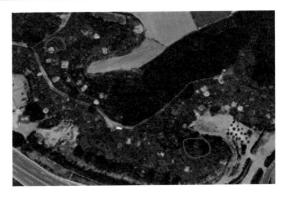

3). 위성사진을 통한 서식지 추적

○다음(http://map.daum.net/)과 네이버(http://map.naver.com/) 위성사진에도 차이가 있어 두 곳을 모두 비교 분석한 후, 서식지 탐사 루트를 정하여 지번 주소를 확인하여 탐사하였다.

가) 위성사진 비교 분석

다음 지도	네이버 지도

    같은 장소이지만 위성사진으로 보는 생태적 차이가 달라서 처음에는 무척 힘들었다. 여름 방학과 주말을 이용하여 6개월 동안은 영월군 전역을 탐사하면서 자연 환경과 실제 환경을 비교 분석하는데 주력하였다.

    영월군 남면과 북면 일대를 조사하면서 다음과 같은 결론을 내릴 수 있었다.

    석회암 지대를 중심으로 조사한다. 토양이 붉은색으로 보이고, 침엽수인 소나무의 분포가 적고, 키작은 활엽수가 많이 분포하는 곳 중에서 위성사진으로 볼 때 토양이 완전히 드러나 보이는 햇빛이 많이 들어가는 작은 야산부터 추적하였다.

    그래서 석회 동굴이 분포하는 곳과 석회암 지대의 지형에 관한 논문들을 조사하면서 영월, 단양, 제천, 평창, 삼척 등으로 지역을 확대해 나갔다.

    석회암 지대를 확인하고 막막해 할 때는 주홍거미와 습성이 비슷한 한국땅거미와 고운땅거미의 서식처를 확인하여 추적하였다. 한국땅거미의 서식처를 직접 함께 탐사하면서, 주홍거미 새끼들을 선물로 주었던 충주에 거주하는 중학생이 할아버지 산소에 갔다가 주홍거미 수컷을 보았다고 해서 탐사를 한 후, 영월과 충주의 서식지 공통점을 찾을 수 있어 전국적으로 분석하면서 『주홍거미여지도』를 만들기 위해 기나긴 탐사활동을 전개해나갔다.

영월군 남면 일대		

영월군 북면 일대	단양군 매포읍 일대	충주시 동량면 일대

나) 각 서식지별 탐사 루트 작성

ㅇ지역을 선정하면 도로를 중심으로 최단거리로 탐사할 수 있도록 오른 쪽 그림과 같이 편성하였다. 그 후 다음 위성사진으로 확대 및 축소를 반복하면서 지번 주소를 메모한 후, 네이버와 다음 위성사진으로 다시 자연 환경을 확인한 후 루트별로 지도를 캡처하고 그림판에서 자른 후, 한글 문서로 지도를 작성하여 인쇄하여 도착 후에는 핸드폰 웹 지도로 다시 확인해가면서 위치를 추적해나갔다.

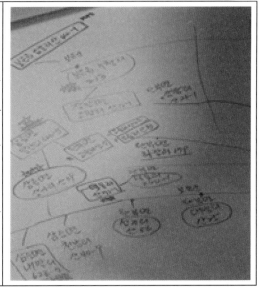

탐사 지역 선정	경로 메모	탐사 지도 인쇄
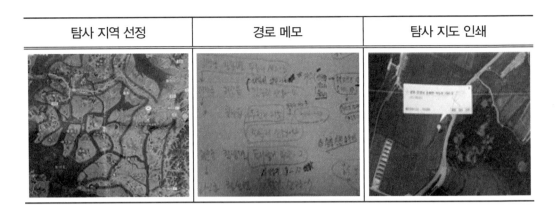		

4). 각 서식지 정밀 조사 및 생태 지도(주홍거미여지도) 작성

가) 연도별 탐사 지역

주홍거미여지도를 완성하기 위한 각 시·도별 탐사한 연도는 다음과 같다.

지역＼연도	2009	2010	2011	2012	2013	2014	2015	비고
충남	▷	▷	▷	▷	▷	▷	▷	발견
강원도					▷	▷	▷	발견
충북					▷	▷	▷	발견
경북					▷	▷	▷	발견
경기도						▷	▷	발견
인천광역시						▷	▷	발견
전남						▷	▷	미발견
전북				▷	▷	▷	▷	미발견
경남						▷	▷	미발견

2. 주홍거미여지도를 통한 생태학적 특성 보완

○국내 주홍거미 서식지를 추적하면서 신두리 해안사구의 연구 내용과 다른 점을 관찰하고 메모를 한 후 국내 전 지역의 공통점과 차이점을 추출해낸다.

가. 생태학적 특성 조사 및 분석

1). 생태학적 특성 조사 방법

○한 묘지에 왜 4세대가 함께 살아가는지 그 이유를 찾는다.

○신두리 해안사구와 산지 지형의 생태적인 차이점을 확인한다.

○구혼 및 짝짓기, 산란 및 부화에 대해서 직접 관찰하고, 촬영하여 분석한다.

2). 먹이에 대한 생존 여부

○사육 상자에 주홍거미를 넣은 후, 물과 먹이를 공급하지 않고 살아있는 개월 수를 탐구한다.

○주홍거미가 살아있는 방법 확인은 간이로 만든 낚시에 먹이를 달고, 먹이에 대한 반응을 2주일씩에 한번 씩 확인한다.

○확인 후 먹이는 공급하지 않는다.

3). 표본 제작

가) 거주지 표본 제작

○거주지를 채취하여 주홍거미를 빼낸 후 거주지를 분해하여 내부 구조를 관찰하고 표본을 제작한다.

○알코올 묻힌 솜을 넣어 둔다.

나) 알과 알주머니, 탈피각 표본 제작

○거주지를 분해하여 알, 알주머니, 탈피 각을 떼어내어 건조 표본으로 제작한다.

○알코올 묻힌 솜을 넣어 둔다.

4). 촬영 장비

촬영 장비	모델명
○사진기	○니콘
○캠코더	○삼성
○내시경카메라	○Ø9mm

3. 주홍거미의 개체수가 적은 이유

가. 지형에 따른 주홍거미의 서식지 분포 특성 조사

○주홍거미여지도를 완성한 다음 해발고도에 서식지 현황 및 한반도 지형과의 연관성을 조사한다.

○주홍거미여지도를 완성한 다음 각 서식지별로 지질시대와 구성암석에 대해서 구분하여 분석한다.

나. 주홍거미의 홀·짝수년형 2년 주기적 생식 특성 조사

○사육하면서 조사한 자료와 주홍거미가 고립되어 서식하는 개체들의 특성을 조사한다.

○홀수년형 가계도와 짝수년형 가계도를 제작한다.

○전체 가계도를 완성하여 분석한다.

다. 특정 지질시대에 분포하는 주홍거미

1). 직접 탐사

○탐사를 하면서 주홍거미가 발견되면 노출된 토양의 특성을 메모한다.

○약초를 캐는 호미로 토양을 파면서 특성을 파악한다.

탐사 지역 묘지들 알갱이 모습

2). 지질시대별 분류

○한국지질자원연구원(http://www.kigam.re.kr/)의 지질정보검색에 접속하여 신지질정보검색시스템 지질주제도 5만 지질도를 활용한다.

○국내 탐사한 곳들 중에서 주홍거미의 서식지를 도별, 시군별, 읍면동, 리별, 지번에 따라 서식지의 대표 암석별로 분류한다.

○지질시대와 암석이 같은 경우와 다른 경우를 선별하여 직접 서식 여부를 조사한다.

○지질시대와 암석이 같은 경우와 다른 경우를 선별하여 토양을 채취하여 알갱이의 크기, 알갱이 크기에 따른 물의 흡수 능력, pH, 전기 전도도를 측정하여 분석한다.

라. 주홍거미여지도를 통한 기후학적 특성 조사

○주홍거미여지도를 완성한 후 기상청 30년 통계표를 활용하여 서식지별 기후 요소별 특성과 생태학적 공통점과 차이점을 찾는다.

○국내 탐사한 곳들 중에서 주홍거미의 서식지를 도별, 시군별, 읍면동, 리, 지번별로 서식지를 분류한다.

○기상청(http://www.kma.go.kr/) 국내 기후자료 30년 평년값 자료를 다운받는다.

○주홍거미 서식지와 기상청의 측정 지점의 공통된 지역(춘천, 강릉, 원주, 영월, 충주, 서산, 울진, 강화, 홍천, 안동, 제천, 문경)을 찾아낸다.

○위 공통된 지역들의 기후요소들을 추출해낸다.

○기온과 지중온도는 신두리 해안사구에서 직접 측정한 데이터와 기상청 자료를 비교 분석한다.

○상대습도, 강수량 등의 나머지 기상요소들은 기상청의 자료들을 참고하여 평균을 구하여 분석한다.

■ 4. 주홍거미의 생존을 위협하는 요인들 조사

○주홍거미의 생존을 위협하는 각 서식지별의 인위적인 요인과 자연 환경적인 요인을 조사한다.

○해수욕장, 주택지, 석회암 채석, 송신탑, 도로, 농경지 등 각 서식지의 감소 요인을 찾아 분류한다.

○자연적인 요인들을 찾아 분석한다.

■ 5. 주홍거미의 보전 대책 및 보호 활동

○주홍거미여지도를 완성한 후 보호 지역으로 선정해야 하는 지역을 찾아본다.

가. 보호지역 선정

○주홍거미의 최대 서식지 및 지역별 보호지역을 선정한다.

나. 보호지역 선정 후 관리 방안 및 홍보 자료 제시

○그 동안 연구를 통하여 보호지역을 어떻게 관리해야 하는지를 제시한다.

○주홍거미를 보호하기 위한 교육 및 홍보 교육 자료를 제시한다.

V. 연구 과정 및 결과

국내 최초『주홍거미여지도』는 다음과 같은 과정을 통하여 완성되었다.

1. 국내 최초 주홍거미여지도 완성

ㅇ지난 7년 동안 주홍거미를 찾아 118개의 시·군에 속하는 3539개의 장소들을 찾아 운전한 거리만 15만 km(지구의 세 바퀴 반)가 넘는다. 신두리 해안사구를 제외하고는 강원도 영월 등 주홍거미는 무덤에서 발견되었다. 그 동안 수를 헤아리기 힘들 정도로 많은 묘지들을 찾아 전국을 누비며 다녔다. 때로는 위성 지도에 나타나지 않은 길을 헤매기도 하고, 사유지인 줄 모르고 들어갔다가 쫓겨나기도 하였다. 이렇게 한 걸음 한 걸음씩 주홍거미의 서식지를 찾아 국내 최초로 주홍거미 생태지도인 주홍거미여지도를 정리하여 보고하고자 한다.

1. 탐사 지역 현황

도	시군	지번	도	시군	지번	도	시군	지번	도	시군	지번
강원	강릉	10	경남	거제	26	전남	광양	25	충남	금산	29
	고성	20		고성	18		나주	21		논산	7
	동해	15		남해	78		담양	15		당진	7
	삼척	63		사천	27		무안	15		보령	56
	속초	23		양산	1		보성	3		서산	68
	양양	12		통영	14		순천	10		서천	25
	영월	176		하동	29		신안	4		아산	23
	원주	28		합천	2		여수	22		태안	87
	정선	85		8	107		완도	20		홍성	11

도	시군	지번	도	시군	지번	도	시군	지번	도	시군	지번
	춘천	18	경북	경산	15		장성	16		9	313
	태백	17		경주	68		진도	51	충북	괴산	42
	평창	6		고령	11		해남	26		금산	1
	홍천	5		군위	23		화순	81		단양	145
	횡성	2		문경	11		13	309		문경	23
	14	467		봉화	13	전북	고창	3		보은	23
경기	가평	8		상주	15		군산	18		영동	17
	고양	3		성주	10		김제	23		옥천	37
	군포	1		안동	47		무주	1		음성	93
	김포	7		영덕	11		영광	3		제천	136
	남양주	44		영주	10		완주	6		증평	7
	동두천	2		영천	15		익산	20		진천	1
	시흥	3		울진	20		전주	5		청주	20
	안산	16		의성	3		정읍	26		충주	276
	양주	17		청도	1		9	105		13	821
	여주	8		청송	7	광주	남구	5	대전	동구	2
	연천	10		칠곡	7		북구	10		1	2
	용인	2		포항	25		2	26			
	의정부	11		18	515						
	이천	2	대구	달서	2	전체 현황					
	파주	15		달성	26	1	강원	14	467		
	평택	6		동구	7	2	경기	19	230		
	포천	46		북구	7	3	경남	8	107		
	화성	28		4	48	4	경북	18	515		
	고양	1	울산	동구	5	5	대구	4	48		

도	시군	지번	도	시군	지번	도	시군	지번	도	시군	지번
	19	230		북구	4		6	울산	8	596	
				울주	8		7	전남	13	309	
				강화	11		8	전북	9	105	
				계양	3		9	광주	2	26	
				서구	8		10	충남	9	313	
				옹진	8		11	충북	13	821	
				중구	11		12	대전	1	2	
				8	596				118	3,539	
			118개의 시 · 군의 3539지번 탐사								

2. 도(광역시)별 주홍거미여지도 완성

주홍거미여지도는 다음과 같이 지역별 하나씩 확인해가면서 도별 주홍거미 완성을 통하여 제작할 수 있었다.

가. 충청남도 주홍거미여지도 완성

탐사 지역		서식 지역
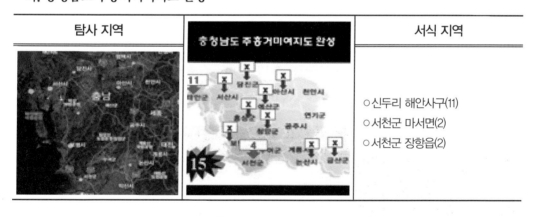		○ 신두리 해안사구(11) ○ 서천군 마서면(2) ○ 서천군 장항읍(2)

나. 충청북도 주홍거미여지도 완성

탐사 지역		서식 지역
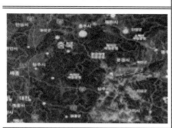		○충주 동량면(77) ○제천시 고명동(152) ○제천시 금성면(38) ○제천시 송학면(18) ○제천시 신백동(6)
서식 지역	○단양군 매포읍(165) ○어상천면(59)	○영춘면(14) ○적성면(9)

다. 강원도 주홍거미여지도 완성

탐사 지역		서식 지역
		○영월군 남면(625) ○영월군 북면(226) ○영월군 영월읍(47) ○영월군 주천면(2) ○영월군 한반도면(181)
서식 지역	○평창군 평창읍(416) ○정선군 북평면(96) ○삼척시 원덕읍(9) ○강릉시 옥계면(4) ○춘천시 서면(5) ○원주시 반곡동(16) ○홍천군 홍천읍(21) ○홍천군 화촌면(164)	

라. 경상북도 주홍거미여지도 완성

탐사 지역		서식 지역
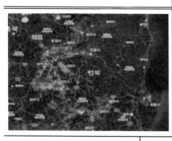		○문경시 가은읍(81) ○문경시 호계면(21) ○안동시 풍산읍(16) ○울진군 평해읍(1) ○군위군 산성면(2) ○군위군 효령면(11)
서식 지역	○경주시 산내면(27) ○경주시 건천읍(4)	

마. 경기도 주홍거미여지도 완성

탐사 지역		서식 지역
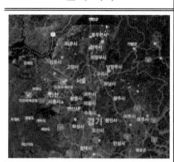		○파주시 창수면(2)

바. 인천광역시 주홍거미여지도 완성

탐사 지역		서식 지역
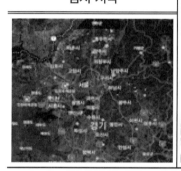		○강화군 길상면(2)

사. 미서식 지역

전람남도	전라북도	경상남도

3. 국내 최초 주홍거미여지도 완성

○이렇게 탐사한 주홍거미 생태 지역을 나타내면 아래와 같고, 이 지도를 '김만용의 주홍거미여지도'라 칭하고자 하였다.

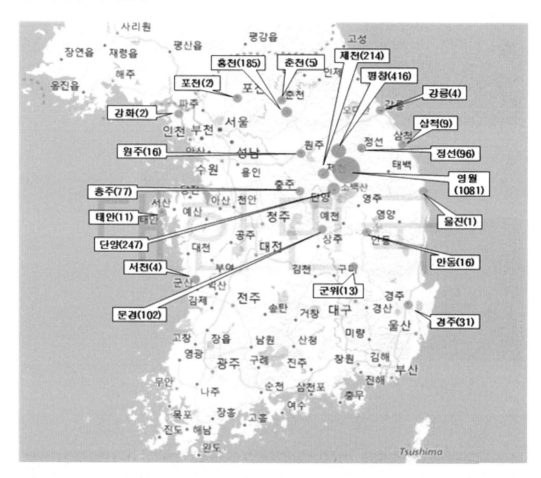

순서	도	시·군	읍·면	서식지	개체	성체	순서	도	시·군	읍·면	서식지	개체	성체
1	강원도	강릉시	옥계면	2	4	1	19	경북	문경시	가은읍	3	81	4
2	〃	삼척시	원덕읍	1	9	1	20	〃	〃	호계면	1	21	2
3	〃	영월군	남면	15	625	28	21	〃	안동시	풍산읍	1	16	1
4	〃	〃	북면	6	226	11	22	〃	울진군	평해읍	1	1	1

순서	도	시·군	읍·면	서식지	개체	성체	순서	도	시·군	읍·면	서식지	개체	성체
5	〃	〃	영월읍	1	47	2	23	인천	강화군	길상면	1	2	1
6	〃	〃	주천면	1	2	1	24	충남	서천군	마서면	1	2	2
7	〃	〃	한반도면	4	181	11	25	〃	〃	장항읍	1	2	2
8	〃	원주시	반곡동	1	16	2	26	〃	태안군	원북면	4	11	4
9	〃	정선군	북평면	2	96	2	27	충북	단양군	매포읍	2	6	1
10	〃	춘천시	서면	1	5	2	28	〃	〃	어상천면	2	59	6
11	〃	평창군	평창읍	7	416	24	29	〃	〃	영춘면	1	14	1
12	〃	홍천군	홍천읍	1	21	4	30	〃	〃	적성면	1	9	1
13	〃	〃	화촌면	1	164	5	31	〃	〃	매포읍	3	159	5
14	경기도	포천시	창수면	1	2	1	32	〃	제천시	고명동	1	152	2
15	경북	경주시	건천읍	1	4	1	33	〃	〃	금성면	1	38	2
16	〃	〃	산내면	1	27	3	34	〃	〃	송학면	1	18	1
17	〃	군위군	산성면	2	2	1	35	〃	〃	신백동	1	6	4
18	〃	〃	효령면	1	11	1	36	〃	충주시	동량면	3	77	7

4. 연구 과제-1의 결론

○주홍거미의 서식지는 6개 도, 20개 시·군, 36개 읍·면·동, 78지번에 서식하고 있었다.

○주홍거미는 강원도에 약 72%의 개체수로 가장 많이 분포하였고, 그 다음으로 충북, 경북 순으로 나타났다.

○강원도 영월군은 서식할 수 있는 여건이 되는 한 거의 전역에 분포하였다.

○강원도 영월 다음으로는 평창, 단양, 제천, 정선 순으로 많이 발견되었고, 이 지역은 모두 석회암 지대이다.

○위 지역들을 제외하고는 극소수 분포하였고, 전라남·북도와 경상남도에서는 발견되지 않았다.

○전국적으로 총 개체수는 2532마리였고, 성체는 약 148마리로 집계되었다.

■ 2. 주홍거미여지도를 통한 생태학적 특성 보완

○신두리 해안사구를 중심으로 주홍거미의 생태를 연구하여 정리한 내용은 아래와 같다. 그 후 연구를 계속하면서 산지 지형에서 서식하는 주홍거미와의 생태적 차이점 및 새로 발견한 점을 보완하고자 한다.

1. 주홍거미의 생태적 특성 보완

가. 구혼 및 짝짓기

1). 암컷을 만나기 위한 수컷의 행동 특성

○수컷이 암컷을 찾아 나서는 이동 경로를 보면 모두 높은 곳을 향해 가는 습성을 보였다. 가는 도중에 암컷의 위치를 확인하기 위해서 사철쑥이나, 억새 등의 외떡잎식물의 줄기를 타고 올라가 방향

을 감지하는 행동을 반복하였다.

ㅇ또한, 개미지옥에 빠져 개미귀신이나 정주성 거미, 파충류의 먹이가 되는 등의 위험 요소를 이겨내며 배회를 하지만, 찾지 못했을 경우에는 해질녘에 임시 주거지를 만들어 하루를 지낸다.

ㅇ암컷 거주지에서 수컷끼리 만났을 경우에는 주변을 돌면서 서로 위협하는 행동을 보였다. 보통은 큰 수컷이 암컷의 거주지 주변에 남고, 작은 수컷은 다른 곳으로 피하였다.

ㅇ암컷은 거주지 즉, 서식지를 높은 곳에 선정하는 것으로 나타났다. 사구나 묘지에서도 정상이나 정상 바로 아래쪽에서 발견되었고, 이는 강한 수컷을 선택하기 위한 전략으로 보인다.

ㅇ암컷 한 마리당 수컷은 평균 5~7마리 정도가 찾아드는 것으로 관찰되었다.

2). 암컷을 만났을 때의 행동 특성

ㅇ암컷 거주지에 도착한 수컷은 거주지 주변을 돌면서 거주지에 연결된 거미줄들을 기타 치듯이 튕기기를 반복하였다.

ㅇ암컷 거주지 앞에서 앞발가락을 위아래로 들었다 내리면서 암컷의 반응을 보면서 구혼 춤을 춘다. 암컷도 수컷이 마음에 들면 구혼 춤을 춘다. 도착한 다음 암컷의 반응이 없을 경우에는 밖에서 반응을 지켜보며 기다렸다.

ㅇ구혼이 이루어지면 수컷은 암컷의 배 아래쪽으로 파고들어 갔다.

3). 짝짓기 행동 특성

ㅇ수컷이 안쪽으로 들어가면 짝짓기는 이루어지는데 거주지가 들썩이기도 하고, 아무런 움직임이 일어나지 않기도 하였다.

ㅇ수컷은 3일 동안은 암컷 거주지 속으로 들어가기도 하고 나오기도 하였다.

4). 짝짓기 후 행동 특성

○수컷은 짝짓기가 끝나면 배등면의 색깔이 옅어져 있고, 마른 상태로 홀쭉해보였다.

○하루를 거주지 출입구 앞에서 다른 거미나 천적들이 들어가지 못하도록 방어하는 행동을 보였다.

○그후 다른 곳으로 이동하여 1주일 이내에 죽음을 맞이하였다. 신두리 해안 사구에서는 6월 29일 이후에는 전혀 발견하지 못했는데, 평지 지형에 서식하고 있는 주홍거미는 신두리 사구와 비슷한 특성을 보였지만, 산지 지형에서는 11월 초까지 관찰되기도 하였다. 이로써 지역에 따라 생활사가 다르다는 것을 알 수 있었다.

나. 산란 및 부화

1). 산란 및 부화

○산란 및 부화는 신두리 해안사구와 평지 지형에서는 5월 중순~7월초에 이루어지는 반면, 산지 지형으로 가면서, 즉 태백산맥 쪽으로 가면서 늦어지는 경향을 보여 8월 중순~10월 말에 이루어졌다.

　이는 주변의 자연 환경에 따라 생기는 온도 차이에 따른 것으로 보인다. 그리고 철저히 장마와 태풍이 올라오는 시기는 피하였다.

2). 암컷의 알집 관리

○산지 지형의 주홍거미는 신두리 해안사구보다 두 배 정도 알의 수가 적었다.

○알집은 항상 앞쪽 좌우 두발가락으로 감싸고 있었고, 날씨가 좋은 날은 출입구 쪽으로 알집을 가지고 나와 부화 온도를 유지하기 위해 정성을 다하였다.

○외부 자극을 느끼면 거주지의 지하부인 굴속으로 알집을 안은 채 쏜살같이 피하여 알집을 보호하였다.

3). 부화 후 암컷의 행동 특성

○부화가 되면 2주~4주 정도 새끼들을 키우면서 차츰 거주지의 출입구와 탈출구를 거미줄로 구형에 가깝게 만들어 막아버렸다.

○부화 후 새끼들이 겨울나기를 하고, 이듬해 거주지를 탈출하여 초봄에 분산할 때까지 버틸 수 있도록 새끼들의 먹이가 되는 강한 모성애를 보였다.

다. 생장 과정

1). 새끼들의 생장

○이듬해 3월 초가 되면 분산을 한다. 분산할 때의 날씨는 흐린 날이었고, 바람을 이용하여 거미줄을 날려 억새 등 키 큰 식물들에 붙으면, 거미줄을 왔다 갔다 하면서 거미줄을 튼튼히 만들어 식물과 식물 사이를 이동하였다. 이런 반복 행동을 통하여 흩어지는데, 암컷 거주지로부터 5 m를 넘지 않았다.

2). 주변 환경으로부터 철저히 격리된 거주지

○신두리 해안 사구를 제외하고는 철저히 좁은 지역에 서식하였다. 100여개가 넘는 공동묘지에서도 어느 특정 묘지에서만 발견되는 경향을 보였다. 묘비로 볼 때 최소 20년 이상이었고, 주변 나무나 잡목, 외떡잎식물 등으로부터 묘지에 그늘이 생기는 곳, 토양이 쉽게 무너져 잔디나 가는잎사초가 없는 곳, 사구 지형은 해당화나 산지 지형은 산딸기, 칡, 고사리 등이 없는 지형으로 무엇보다 큰 나무들이 우거진 숲에서는 서식하지 않았다.

3). 탈피와 생장

○거미는 탈피를 해야만 생장을 한다. 탈피 횟수가 증가할수록 1회 탈피하는 기간이 길어졌다.

○수컷은 7~9회, 암컷은 11~13회 탈피를 하였다. 수컷은 마지막 탈피 전에 더듬이다리 앞쪽이 부풀어 오르면서 연한 주홍빛을 띠다가 점점 그 체색은 진해졌다. 이때가 암수의 성이 결정되는 시기였다.

○수컷은 마지막 탈피 후 2주가 지나면 거주지를 들락날락 하면서 바깥 환경에 적응하였다. 그 후 2주 정도 지나 5월 초가 되면 암컷을 찾아 떠돌이 생활을 하나, 사구나 평지 지형보다 산지 지형의 생활환(life cycle)은 2~3달 정도 늦어지는 경향을 보였다.

○이동을 하다가 해질 무렵 임시 거처를 찾아 거미줄로 얼기설기 대충의 집 형태를 만든 후 그곳에서 밤을 지냈다.

○수컷의 수명은 2년인데, 암컷은 4년이기 때문에 암컷의 탈피와 생장은 성체가 될 때까지 계속 되었다.

○성체의 경우 먹이와 생존 관계를 실험해 본 결과, 평균 2.5~3개월 동안 먹이를 먹지 않아도 생존하였다.

2. 연구 과제-2의 결론

○주홍거미의 수명은 암컷은 4년이고, 수컷은 2년이며, 4세대가 함께 한 묘지에서 모여 사는 특성을 보였다.

○주홍거미는 마지막 탈피 직 전에서야 암수의 성이 결정됨을 알 수 있었다.

○신두리 해안사구와 평지에 있는 묘지에 살아가는 주홍거미의 생활환은 산지 지형의 생활환보다 2개월 정도 빨랐고, 지역에 따라 조금씩 차이가 있었다.

○한 지역의 공동묘지에서도 특정한 묘지에서만 발견되었다.

 3. 주홍거미의 개체수가 적은 이유

○주홍거미여지도를 작성한 후 서식지 78곳의 지형, 지질, 기후학적인 특성에 의해 분류하여 분석해보았다.

1. 지형에 따른 주홍거미의 서식지 분포 특성

가. 해발고도 및 수리적 위치에 따른 서식지 개체수 현황

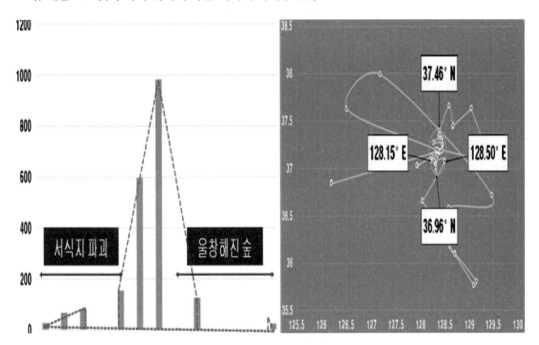

○고도별로 볼 때 주홍거미는 250~350 m 사이에 많이 분포하였다. 50 m 이하인 사구 지형을 제외하면 특이하게 250 m 이하의 낮은 지대에 분포하는 개체수가 적었고, 601~650 m 고지대에서도 발견되었지만, 그 개체수가 극히 미비하였다.

○이는 주홍거미의 서식지가 인간의 생활과 가까운 곳에 위치해 있어서 개발로 인한 서식지가 많이 파괴되었고, 고도가 높은 곳은 산악 지대로 울창해진 숲으로 인해 햇빛이 차단되기 때문으로 사료된다.

○대부분 수리적 위치를 보면 강원도 영월과 평창 중심으로 많이 분포하고 있음을 알 수 있으며, 이곳은 아직 인간들의 손이 덜 탄 곳이기 때문이다.

나. 한반도 지형에 따른 서식지 분포 특성

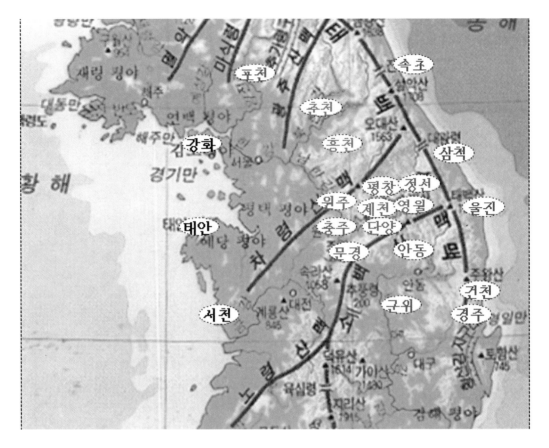

○중생대 백악기에 주홍거미는 한반도에 햇빛이 잘 들고, 건조한 토양의 깊이가 7 cm 이상인 비탈진 곳에 살고 있었다.

○1차 산맥이 만들어지면서 지각 변동을 받은 지역은 사라지기도 하고, 1차 산맥을 만들면서 커진 위치에너지로 인해 지질 구조선을 따라 흐르는 물과 지각 변동으로 2차 산맥과 산들을 형성할 때도 사라지기도 하였다.

○그러나 강가나 바닷가나 산맥과 산맥 사이에 침식과 운반 작용에 의해 퇴적된 야산의 안정된 토양에 죽은 외떡잎식물에 주거지를 만들어 살아가던 주홍거미만이 생존할 수 있었다.

○그 후, 인간이 촌락을 이루고, 농경지를 만들면서 그 서식들은 파괴되어가고, 숲들은 울창해

져서 살 곳을 잃은 주홍거미들은 점차 특정한 지질과 기후가 맞는 묘지와 충적층에 주거지를 만들어 근근이 살아가며, 종족을 보존하고 있다.

2. 주홍거미의 홀 · 짝수년형 2년 주기적 생식 특성

특정 묘지에만 서식	4세대가 함께 모여살기	근 거
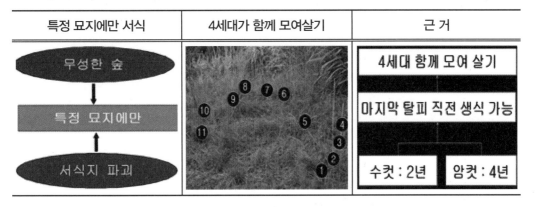		

o주홍거미는 격리된 특정한 한 장소(2~3평 되는 묘지)에서 4세대가 11~15개체(최대 30개체)의 독립된 군집을 이뤄 함께 근근이 살아가고 있었다. 묘지의 바닥에는 분산한 작은 개체들이 주거지를 만들어 살아가고 있었으며, 성체들은 묘지 위쪽에 서식지를 만들어 살아가고 있었다.

위와 같은 생태적 특성을 증명하기 위해 다음과 같은『홀 · 짝수년형 2년 주기설』을 제시하고자 한다.

가. 홀수년형 가계도

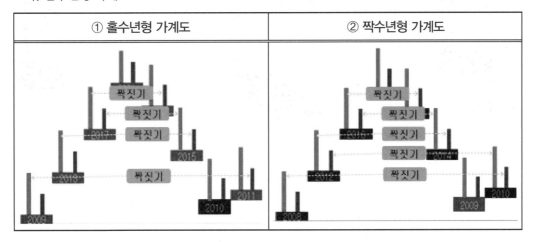

○홀수형 가계도를 볼 때 2009년에 태어난 암컷은 4년이 되는 2013년에 2011년에 태어나 2년이 된 수컷과 짝짓기를 하여 새끼를 낳고, 2년이 된 암컷은 계속 생장을 한다. 2011년에 태어난 암컷은 4년이 되는 2015년에는 2013년에 태어난 수컷과 짝짓기를 하여 새끼를 낳는다. 이와 같은 방법으로 홀수년형 주홍거미의 종족은 보존된다.

○짝수형 가계도를 볼 때 2008년에 태어난 암컷은 4년이 되는 2012년에 2010년에 태어나 2년이 된 수컷과 짝짓기를 하여 새끼를 낳고, 2년이 된 암컷은 계속 성장을 한다. 2012년에 태어난 암컷은 4년이 되는 2016년에 2014년에 태어난 수컷과 짝짓기를 하여 새끼를 낳는다.

이와 같은 방법으로 짝수년형 주홍거미의 종족은 유지된다.

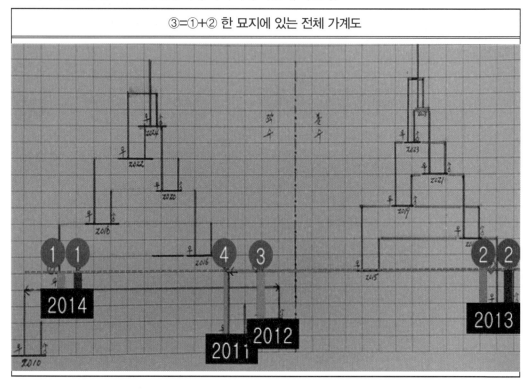

③=①+② 한 묘지에 있는 전체 가계도

○위 두 가계도를 전체적으로 합쳐서 보면 한 묘지에서 군집을 이루고 서식하는 전체 가계도와 같다.

2015년을 기준으로 볼 때, 2011년에 태어난 암컷은 4년이 되고, 2012년에 태어난 암컷은 3년이 되고, 2013년에 태어난 암컷과 수컷은 2년이 되며, 2014년에 태어난 암컷과 수컷은 1년이 되어 한 묘지에 함께 모여 사는 개체들의 나이는 1살, 2살, 3살, 4살이 되어 4세대가 된다.

3. 특정한 지질시대에 분포하는 주홍거미

주홍거미의 서식지의 분포는 지질 시대와의 경향성을 나타내는지 궁금하여 분석하게 되었다.

지질시대	선캄브리아기	고생대		중생대		신생대	시대미상
		오르도비스기	페름기	쥐라기	백악기		
해당서식지	3	39	1	11	8	11	5
개체수합계	6	1683	21	334	156	243	89

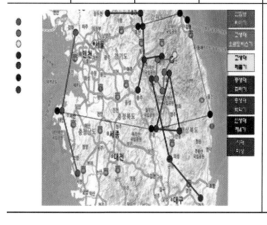

○주홍거미가 가장 많이 서식하는 시기는 약 69 %가 고생대 오르도비스기 지층이다. 이 시기의 지층은 영월을 중심으로 단양, 평창, 제천, 삼척 등지에 나타난다.

○주홍거미는 개체수가 가장 많고 넓은 면적에 분포하는 강원도 영월을 중심으로 북쪽으로 중생대 쥐라기, 남쪽으로는 중생대 백악기, 서해안 쪽은 선캄브리아기, 신생대 제 4기에 해당하는 서식지는 동해안을 비롯하여 흩어져 나타났다.

ㅇ남한에는 주필거미연구소에 있는 거미 화석과 잔디나 가는잎사초와 같은 외떡잎식물에서 주 거지를 만들어 사는 것으로 볼 때, 중생대 백악기에 북쪽으로부터 남하하여 영월을 중심으로 퍼졌 을 것으로 사료된다.

ㅇ특히, 중요한 것은 선캄브리아기와 고생대 사이, 고생대와 중생대 사이, 중생대와 신생대 사 이, 고생대 데본기와 석탄기에 해당하는 지질 시대에서는 전혀 발견되지 않았다. 이는 지각변동을 받은 후 풍화 작용으로 충분한 토양이 퇴적된 안정된 지질에서만 살아남았음을 의미한다.

ㅇ더불어 강화도에서 발견되는 것을 볼 때, 강화도는 예전에 육지이었음을 알게 해주는 중요한 근거 자료가 되리라 사료된다.

ㅇ현재 발견된 지질학적인 특성을 근거로 보면, 북한은 평남지향사 지역의 묘지들이 많이 있는 곳에 주홍거미가 많이 서식할 수 있다고 유추해석을 할 수 있겠다.

가. 특정한 암석이 풍화된 토양에 분포하는 주홍거미

1) 서식지의 주요 대표암석 분석

주홍거미의 서식을 확인한 후, 다음(daum) 위성사진과 네이버(naver) 위성사진을 교차로 지형과 자연 환경을 보면서 서식 가능성을 추론하고, 한국지질자원연구원 5만 지질도에 나타난 암석을 확인 하면서 주변 지층의 경계와 암석의 변화가 나타나는 경계를 넘어가면서 직접 서식지를 조사하였다.

① 서식지와 숲 주변 탐사	② 같은 시대 다른 지층 탐사
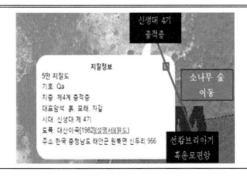	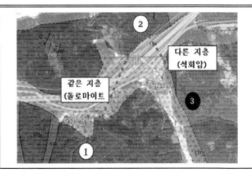

③ 다른 시기 다른 지층 탐사	결과 해석
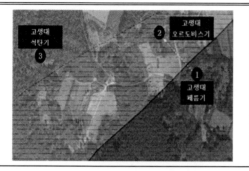	○①의 경우: 울창한 숲: 서식하지 않음. ○②의 경우: 돌로마이트와 석회암 지대–서식함. ○③의 경우: 페름기–서식함 　고생대 오르도비스기와 석탁기 　–서식하지 않음.

○지역에 따라 특정 지질 시대와 특정 지층에만 서식함.

위와 같은 방법으로 주홍거미 서식지의 각 지질 시대별 대표 암석을 찾아 분석하였다.

(가). 선캄브리아기의 서식지 대표암석

대표 암석	서식지
화강편마암, 안구상편마암	2
석영편암	1

○편암과 편마암의 풍화 토양에 서식하고, 강화도와 서천에 해당함.

(나). 고생대 오르도비스기의 서식지 대표암석

대표 암석	서식지
돌로마이트	29
석회암	6
석회암, 사암, 셰일	3
석회암, 규암, 셰일	1

○석회암이 공통적으로 발견되는 풍화 토양에서 서식함.

○영월을 중심으로 단양, 제천, 문경, 평창에 해당함.

(다). 고생대 페름기의 서식지 대표암석

대표 암석	서식지
석회암, 사암, 셰일, 무연탄	1

○석회암이 포함되어 있음.

○정선군 북평면 북평리 1곳만 발견됨.

(라). 중생대 쥬라기의 서식지 대표암석

대표 암석	서식지
화강암, 흑운모, 각섬석	4
화강암	1
흑운모화강암	5

○화강암이 공통으로 포함된 충주, 원주, 평창, 춘천에 해당함.

○영월을 중심으로 북쪽에 위치함.

(마). 중생대 백악기의 서식지 대표암석

대표 암석	서식지
흑운모화강암	3
안산암	2
실트스톤 사암	2
역암, 사암, 셰일	1

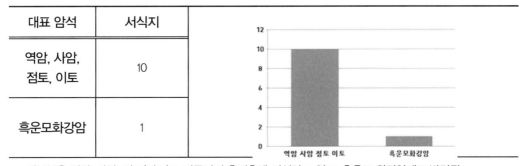

○흑운모화강암, 안산암, 사암 등이 분포하는 제천, 군위, 경주에 해당함.
○영월을 중심으로 남쪽에 위치함.

(바). 신생대 제4기의 서식지 대표암석

대표 암석	서식지
역암, 사암, 점토, 이토	10
흑운모화강암	1

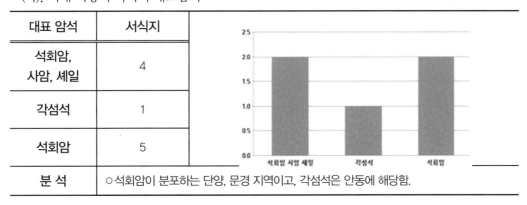

○대부분은 역암, 사암, 점토(이토)로 이루어진 충적층에 서식하고 있고, 흑운모 화강암에도 발견됨.

(사). 시대 미상의 서식지 대표암석

대표 암석	서식지
석회암, 사암, 셰일	4
각섬석	1
석회암	5
분 석	○석회암이 분포하는 단양, 문경 지역이고, 각섬석은 안동에 해당함.

위와 같이 분석하여 정리한 내용은 다음 페이지와 같다.

주홍거미지도를 통한 서식지별 대표 암석 분류표

지질시대	대표암석	강원도								경기	경북					인천	충남		충북		
		강릉	삼척	영월	영주	정선	춘천	평창	홍천	포천	경주	군위	문경	인동	울진	강화	서천	태안	단양	제천	청주
선캄브리아기 (3)	화강편마암, 안구상편마암(2)															1	2				
	석영편암(1)																		9	1	
고생대 (40) 오르도비스기 돌로마이트(29)	돌로마이트(29)			19															9	1	
석기 (39)	석회암(6)			5															1		
	석회암, 사암, 셰일(3)			1				2													
	석회암, 사암, 규암(1)					1															
페름기(1)	석회암, 사암, 셰일, 무연탄(1)					1															
중생대 (18) 쥬라기 (10)	화강암, 흑운모, 각섬석(4)							4													
	화강암(1)							1													
	흑운모화강암(5)						1		2	1					1						
백악기 (8)	흑운모화강암(3)									1	2										
	안산암, 안산반암(2)											2									
	실트스톤, 사암(2)											1	1								
	역암, 사암, 셰일(1)									1											
신생대 (11) 제4기 (11)	역암, 사암, 점토(10)	2	1												1			4	1		1
	흑운모화강암(1)													1							
시대미상 (5)	석회암, 사암, 셰일(2)												2								
	석회암(2)			1															1		
	각섬암(1)		1																		

서식지의 주요 대표암석 분석

○서식지의 대표 암석은 선캄브리아기에는 편암과 편마암, 고생대에는 석회암, 중생대 백악기에는 화강암류가, 신생대 제4기에는 충적층과 흑운모화강암에서, 시대미상은 석회암이 주를 이루나 감섬석이 대표 암석을 이루고, 주홍거미가 분포하는 지역의 특정 지질시대의 암석이 풍화 작용에 쌓인 토양의 특정 묘지에서만 서식하였다.

○신생대 제4기는 해안가, 강가, 산지 지형 등 지형적인 다양성을 보였고, 전체적으로 석회암 지대에서 주로 분포하였다.

2). 서식지를 이루는 토양 특성

서식지 토양을 파서 보거나, 이장한 묘들에 남아 있는 토양을 직접 관찰한 내용을 보면 다음과 같다.

(가). 서식지 토양의 구조적 특성

토양특성	○대부분은 석회암 지대의 테라로사 지형의 붉은색 토양에서 많이 발견되었다. ○식물의 뿌리는 토양을 고착하여 빗물에 토양의 유실을 방지해주고, 주홍거미의 거주지를 만들 때 지지대 역할을 해준다. 홑알과 떼알 구조는 적으로부터 보호 및 습도 조절에 영향을 준다. ○가는 잎사초나 잔디가 토양을 고착하지 못하거나, 토양의 알갱이가 너무나 굵거나, 너무 알갱이가 미세한 토양이 많이 포함되어 있어 비가 떨어지면 뭉쳐지는 성질이 나타나는 토양에서는 발견되지 않았다.

(나). 토양의 알갱이 크기에 따른 특성

서식지 토양의 공통적인 특성을 알아보고자 한다. 아래와 같이 서식지 중에서 지질 시대와 구성 대표 암석의 차이를 가지고 있는 영월, 정선, 충주, 제천, 신두리 등 10곳과 미서식지 2곳을 분류 하여 알갱이 크기의 비율과 토양의 물 흡수 능력, pH, 전기전도도를 알아보았다.

샘플명	1	2	3
장소	정선군 북평면 남평리	정선군 남평리 묘지	평창군 평창읍 용항리
지질시대	고생대 오르도비스기	고생대 오르도비스기	고생대 오르도비스기
사진			

샘플명	4	5	6
장소	영월군 남면 토교리	영월군 남면 창원리	정선군 북평면 북평리
지질 시대	고생대 오르도비스기	고생대 오르도비스기	고생대 페름기
사진			

샘플명	7	8	9
장소	충주시 동량면 용교리	제천시 고명동	홍천군 화촌면 구성포리
지질 시대	중생대 쥬라기	중생대 백악기	신생대 제4기
사진			
샘플명	10	11	12
장소	태안군 원북면 신두리	태안군 원북면 황촌리	학교 운동장
지질 시대	신생대 제4기	신생대 제4기	
사진			

(1). 서식지 토양의 알갱이 크기에 대한 질량과 부피 관계

샘플명 \ 토양 크기		고운 모래 (세사)		거친 모래 (조사)		잔 자갈		굵은 자갈
		0~0.106	0.106~0.25	0.25~1.0	1.0~2.0	2.0~3.35	3.35~4.75	4.75~
질량 (%)	1	0.97	6.73	50.31	30.37	7	1.83	2.4
	2	4.39	12.46	55.74	16.43	5.39	2.02	4.07
	3	3.33	10.14	46.24	19.56	9.33	4.26	7.01
	4	2.28	9.99	63.84	20.51	1.58	0.46	1.48
	5	6.09	19.98	60.98	6.91	1.07	1	3.87
	6	4.16	8.56	47.7	20.93	7.84	4	6.7

샘플명	토양 크기	고운 모래 (세사)		거친 모래 (조사)		잔 자갈		굵은 자갈
		0~0.106	0.106~0.25	0.25~1.0	1.0~2.0	2.0~3.35	3.35~4.75	4.75~
질량 (%)	7	1.35	6.56	42.85	30.24	11.07	1.92	6
	8	5.25	10.42	36.75	21.3	13.75	7.1	5.56
	9	12.57	29.86	40.62	3.8	2.62	2.25	8.39
	10	1.09	70.84	28.33	0.04	0.02	0	0
	평균	4.15	18.55	47.34	17.01	5.97	2.48	4.55
	11	0	17.63	82.13	0.3	0.08	0	0
	12	0.65	3.02	86.37	8.46	0.95	0.25	0.32
	평균	0.33	10.33	84.25	4.38	0.52	0.13	0.16
부피 (%)	1	0	7.25	51.01	32.04	8.01	0.84	0.84
	2	4.22	12.16	52.79	18.58	6.33	1.69	4.22
	3	3.37	10.53	43.39	21.5	10.11	4.38	6.74
	4	2.14	9.99	63.84	20.51	1.58	0.46	1.48
	5	5.74	18.85	61.89	7.79	0.82	0.82	4.10
	6	4.72	11.24	38.24	25.97	9.92	3.30	6.61
	7	1.22	7.32	43.9	29.67	10.16	1.63	6.10
	8	7.85	13.22	34.71	20.66	11.16	7.02	5.37
	9	16.08	24.14	44.72	5.03	2.51	2.01	5.53
	10	0	70.88	29.12	0	0	0	0
	평균	4.53	18.56	46.36	18.18	6.06	2.22	4.10
	11	0	16.20	81.94	0.93	0.93	0	0
	12	0.87	3.48	85.14	8.69	1.30	0.09	0.43
	평균	0.44	9.84	83.54	4.81	1.12	0.05	0.22

질량 관계	부피 관계

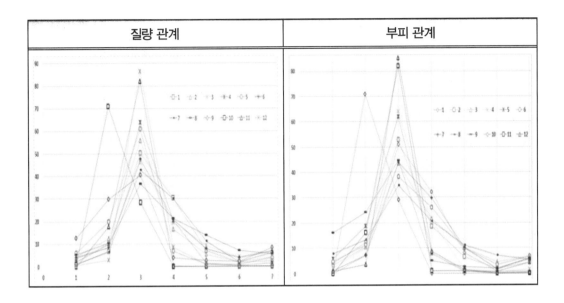

(2). 서식지 토양의 공극률, 물의 상승, pH, 전기전도도 실험

토양 알갱이의 물의 흡수 능력 측정	
수직일 때	경사도가 15°일 때

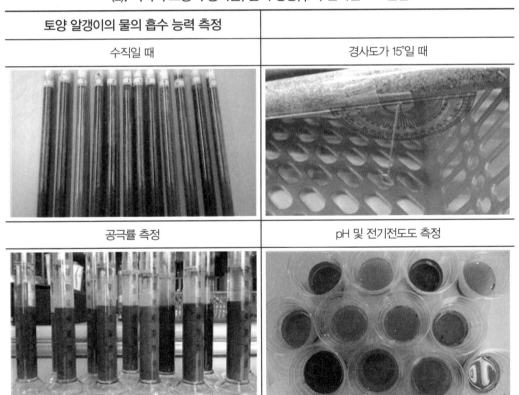

공극률 측정	pH 및 전기전도도 측정

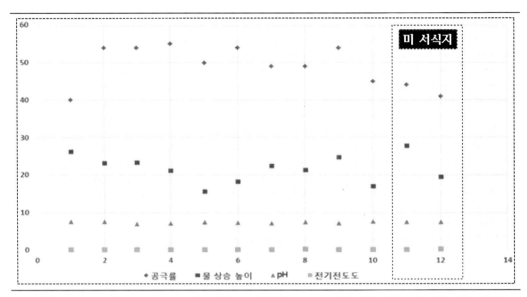

○토양 알갱이의 크기는 0.25~1.0 mm를 기준으로 대칭성을 보였고, 질량과 부피의 비가 거의 1:1을 나타내고 있었다. 반면 바닷가 모래와 운동장 모래는 이 알갱이 크기가 대부분을 차지하였다.

○공극률은 미서식지 토양보다 다소 높았고, 물의 흡수 능력은 큰 차이는 없었지만, 신두리 사구 토양은 유난히 적었다. pH는 약한 염기성을 보였고, 미서식지토양(바닷가 모래와 운동장 모래)보다 전기 전도도는 다소 낮았다.

2. 연구 과제-3의 결론

○지형적으로 볼 때는 인간들이 사는 마을의 야산이나 공동묘지에서 서식하고, 1차 산맥보다는 2차 산맥의 가장자리의 고도가 낮은 지역에서 많이 발견되는 특성을 보였다.

○홀·짝수년형 2년 주기적 생식 능력으로 인해 4세대가 함께 살아가야 하나, 이는 종족 보존에는 오히려 불리한 특성을 지님을 알았다.

○어느 지역의 주홍거미 서식지는 그 지역의 특정한 지질 시대와 특정한 암석의 풍화된 토양에서 발견되었다. 그 중에서 석회암이 풍화되어 만들어진 테라로사 토양에서 대다수 서식하고 있었다.

○지형적으로 볼 때는 인간들이 사는 마을의 야산이나 공동묘지에서 서식하고, 1차 산맥보다는 2차 산맥의 가장자리의 고도가 낮은 지역에서 많이 발견되는 특성을 보였다.

○홀·짝수년형 2년 주기적 생식 능력으로 인해 4세대가 함께 살아가야 하나, 이는 종족 보존에는 오히려 불리한 특성을 지님을 알았다.

○어느 지역의 주홍거미 서식지는 그 지역의 특정한 지질 시대와 특정한 암석의 풍화된 토양에서 발견되었다. 그 중에서 석회암이 풍화되어 만들어진 테라로사 토양에서 대다수 서식하고 있었다.

○국내 전체적으로 볼 때, 고생대 오르도비스기에 속하는 강원도 영월을 중심으로 북으로 갈수록 중생대 쥬라기, 남으로 갈수록 백악기, 서해안 쪽은 선캄브리아기 지층에서 동해안은 신생대 제4기 지층에서 발견되는 경향을 보이지만, 신생대 제4기에 속하는 서식지는 혼재되어 나타났다.

○토양의 구조로 볼 때 식물의 뿌리가 고착되어 있는 홑알과 떼알 구조가 섞여 있어야 하고, 알갱이 크기로 볼 때 0.25~1.0 mm를 기준으로 대칭적인 구조를 이루고 있어야 하며, 물의 흡수 능력은 신두리 사구를 빼고는 모래보다 약간 적어야 했다. pH는 모두 약한 염기성을 보였고, 전기 전도도는 아주 미약했다.

○중생대 백악기에 남하했을 주홍거미는 지각 변동 등을 덜 받은 안정된 토양에서 서식하고 있음으로 보인다. 지형적으로, 2년 주기적 생식 특성이나, 지질 시대를 비롯한 특정 암석의 풍화된 토양에서만 서식하는 매우 환경에 예민한 종으로 사료된다.

4. 주홍거미여지도를 통한 기후학적 특성 조사

○서식지 78곳 중 기상청 소속 관측 지점이 있는 곳은 11곳이었다. 그래서 신두리 해안사구에서 직접 측정하였던 자료와 비교 분석하여 다음과 같은 결론을 얻을 수 있었다.

1. 산란 및 부화의 측면에서 볼 때

○수컷이 암컷을 찾아 떠돌이 생활을 할 때부터 알이 부화되는 시기인 5월에서 10월까지를 기준으로 분석하기로 하였다.

가. 온도와의 관계

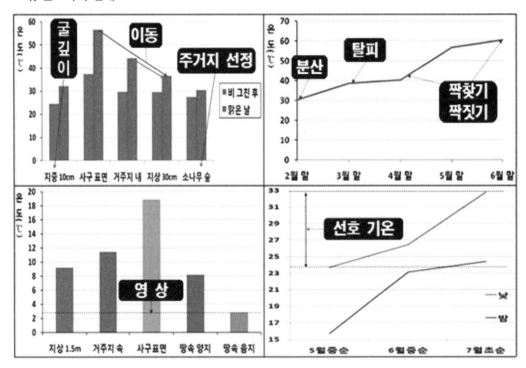

1) 신두리 해안사구의 온도 및 생태 특성

○주홍거미의 생육 적정 기온은 24~33 ℃이고, 겨울나기를 위한 지중 온도는

3 ℃로 영상으로 조사되었다.

○수컷은 암컷을 찾아 배회할 때, 사구 표면의 온도가 40℃를 넘어서면 체온 조절을 위해 식물체의 줄기를 최고 1.5 m까지 올라가서 쉬고 다시 내려오는 습성을 보였다.

2) 생태 특성을 보완을 위한 서식지의 기상청 자료 분석

기온＼월	5	6	7	8	9	10	평균
일 최고(℃)	22.9	26.2	28.3	29.1	25.2	20.0	26.63
월 최고(℃)	29.9	32.1	33.7	34.0	30.8	25.7	32.42
일 최저(℃)	10.8	16.0	20.4	20.7	15.1	7.9	16.98
월 최저(℃)	4.9	10.5	16.2	16.3	8.8	0.5	11.98
지중온도 0(cm)	20.1	24.8	26.7	27.6	22.4	15.4	22.83
지중온도 10(cm)	18.9	23.4	25.7	27.1	22.4	16.0	22.25
지중온도 20(cm)	18.1	22.4	25.1	26.7	22.5	16.6	21.90
지중온도 30(cm)	17.3	21.9	24.5	26.3	22.6	17.1	21.62

○30년 한국 기후표를 분석한 결과 연평균 기온은 11.58 ℃ 였다. 연평균 등온선 11 ℃를 따라 대부분 분포하였다.

○산란 및 부화시기의 기온은 12.95~33.27 ℃ 이고, 지중 온도는 평균 24.74 ℃로 분석되었다.

○산란 및 부화의 최적 온도는 24~34 ℃로 사료된다.

○서식지의 지하부의 굴의 깊이가 10~20 cm인 점은 온도 변화가 심하지 않고 부화 온도를 유지해주는 데 적당한 깊이였다.

기후요소＼월	5	6	7	8	9	10	평균
상대습도(%)	65.5	72.6	80.1	79.6	76.8	71.1	74.28
강수량(mm)	94.0	135.7	285.9	274.0	165.6	56.2	168.57
증발량(mm)	149.3	140.1	119.6	127.7	98.8	85.3	120.13
얼음(일)	0.1	0.0	0.0	0.0	0.1	2.1	0.38
눈(일)	0.0	0.0	0.0	0.0	0.0	0.1	0.02
일조율(%)	52.8	45.4	34.9	42.3	47.5	56.6	46.58

산란 및 부화 시기

사구 및 평지 지형　　산악 지형

3). 기타 기후 요소와의 관계

○사구 및 평지 지형과 산악 지형으로 구분해서 볼 때 기후 요소 중에서 얼음과 눈을 제외하고는 평균이 속한 지점을 사이에 두고, 산란 및 부화 시기를 선택하였다.

○장마와 태풍이 올 때에는 철두철미하게 피하였다.

2. 겨울나기 측면에서 볼 때

○부화가 되어 새끼는 동사하지 말고 살아남아야 한다는 가정 하에서 분석하고자 하였다.

월 기온(℃)	1	2	12	평균	월 깊이(cm)	1	2	12	평균
일 최고	3.0	5.7	5.8	4.83	0	−1.2	1.0	0.8	0.20
월 최고	9.7	13.5	13.5	12.23	10	−0.3	0.9	2.3	0.97
일 최저	−7.3	−5.2	−4.6	−5.70	20	0.6	1.2	3.3	1.70
월 최저	−15.0	−12.5	−11.9	−13.13	30	1.3	1.5	4.2	2.33
평균	−2.40	0.38	0.70	−0.44	평균	0.10	1.15	2.65	1.30

월기후 요소	1	2	12	평균
상대습도(%)	62.6	61.4	64.1	62.70
강수량(mm)	28.6	30.1	24.6	27.77
증발량(mm)	45.5	50.5	47.3	47.77
얼음(일)	29.6	25.2	26.9	27.23
눈(일)	7.1	5.3	4.9	5.77
일조율(%)	57.6	58.0	56.5	57.37

○주홍거미는 출입구와 탈출구를 모두 막아버린 후, 새끼 상태로 겨울나기를 한다. 이 시기에 기온은 영하이지만, 지중 온도는 영하로 떨어지지 않고, 특히 거주지 굴의 깊이에서는 영상을 유지하는 곳이었다.

○산란 및 부화 시기보다 상대습도는 약 10 % 낮아지고, 증발량이 강수량보다 10 mm 정도 더 많아지는 특성이 있다. 얼음이 언 일수는 27일, 눈이 온 일수는 5.8일, 일조율은 10 % 정도 높았다.

○새끼들은 겨울나기를 위해서 거주지의 빈 공간을 돌아다닐 때는 항상 아주 가는 거미줄을 치면서 다니기 때문에 겨울 시기의 거주지 안에는 흰색의 솜 같은 거미줄로 가득 차 있게 된다. 또 하나는 새끼들은 서로 딱 붙어서 체온을 유지하는 방법을 사용하고 있었다.

3. 연평균 등온선과 연평균 등강수량선과의 관계 분석

기후 요소	서식 범위				
연평균 기온(℃)	미서식		서식	미서식	
	0　2　4　6　8　10　13 14　16　18　20				
일최고기온의 연평균 기온(℃)	미서식		서식	미서식	
	6　8　10　12　14　16　19 20　22　24　26				
일최저기온의 연평균 기온(℃)	미서식		서식	미서식	
	0　2　4　5　9　8　10　12				
연평균 강수량(mm)	미서식　서식　집중서식　서식　미서식				
	1000　1100　1200　1400　1500　1600				

○연평균 기온은 10~13 ℃ 범위이나 동·서해안 지형은 12 ℃선을, 산악 지형은 11 ℃선을 중심으로 서식하였고, 10 ℃ 이하와 13 ℃ 이상에서는 서식하지 않았다.

○일최고기온의 연평균 기온은 16~19 ℃ 범위이나 17~18 ℃선을 중심으로 분포하였고, 16 ℃ 이하와 19 ℃ 이상에서는 서식하지 않았다.

○일최저기온의 연평균 기온은 5~9 ℃ 범위이나 동·서해안 지형은 8 ℃선을, 산악 지형은 5~6 ℃선을 중심으로 서식하였고, 5 ℃ 이하와 9 ℃ 이상에서는 서식하지 않았다.

○연평균 강수량은 1100~1500 mm까지 다양하게 분포하는 경향을 보이지만, 1200~1400 mm 사이에 집중 분포하는 특성을 보였고, 1500 mm가 넘는 다우지역에서는 발견되지 않았다.

4. 연구-4의 결론

○연평균 기온은 11~12 ℃, 일최고기온의 연평균 기온은 17~18 ℃, 일최저기온의 연평균 기온

은 5~8 ℃, 연평균 강수량은 1200~1400 mm 사이에 집중 분포한다. 위 지역에 해당하지 않는 곳
은 강원도 대관령과 태백, 경상남도와 전라남도 일부 지역이 속한다.

○주홍거미의 산란 및 부화의 적정 온도는 24~34 ℃이고, 적정 습도는 62~74%이고, 겨울나기
에는 서식지 지하부에 있는 굴의 온도는 영상을 유지하는 곳이어야 한다.

○주홍거미는 산란 및 부화를 위해서 장마철은 철두철미하게 피하였고, 겨울나기를 위해 주거
지의 출입구와 탈출구를 막아 찬바람과 눈이 녹아 들어오는 것을막아 동사로부터 새끼들을 보호
하려는 암컷의 생존 전략의 지혜는 온도와 수분 방지에 있다고 사료된다.

■ 5. 주홍거미의 생존을 위협하는 요인들

○서식지 72곳을 답사한 내용과 위성사진을 함께 인위적인 요인과 자연적인 요인으로 나누어
분석하여 다음과 같은 결론을 얻을 수 있었다.

1. 인위적인 요인

○서식지를 사라지게 하는 인위적인 요인은 서식지 환경의 중요한 요인이 된다. 그래서 아래와
같이 요인을 분석한 후 그 비율을 확인해 보았다.

가. 요인 분석

요 인	분류 방법
해수욕장	○분포지역 내 해수욕장의 수를 센다.
주거 및 건축	○펜션, 주택, 산업단지, 공장지대, 축사, 운동장, 주차장, 군부대, 수련원, 골프연습장을 포함한다. 그 수는 1건으로 센다.
석회암 채석	○석회암 채석 장소를 1건으로 센다.
송신탑	○송신탑의 수를 센다.
도로	○임도, 농로는 도로로 포함시킨다.
농경지	○과수원, 밭을 포함한다.
태양광 발전소	○태양광 발전소의 수를 센다.

요인	해수욕장	해수욕장-2	도로-1
위성 사진			
분류	○펜션 및 상가 ○사구복원사업	○공장 ○도로	○임도(시멘트길) ○군부대

요인	도로-2	석회암 채석-1	석회암 채석-2
위성 사진			
분류	○지방도로 ○농경지	○석회암 채석 ○도로 및 임도 ○휴게소 및 건물	○석회암 채석 ○도로 및 임도

요인	농경지	송신탑	수련원
위성 사진			
분류	○과수원과 밭 ○농로	○송신탑 ○임도	○건물 ○골프연습장

나. 분포지역별 요인 및 해당 건수

분류	해수욕장 개발	주거 및 건축	석회암 채석	송신탑	도로	농경지	태양광 발전소	합계
건수	3	17	5	3	21	16	1	66
비율	4.5	25.9	7.6	4.5	31.8	24.2	1.5	100

○주홍거미가 발견되는 곳은 대부분이 묘지였다. 그래서 묘지는 서식지의 면적을 줄이는 요인에 포함시키지 않았을 때, 사라지는 요인에는 도로, 농경지, 주거 및 건축 순으로 나타났다.

○산지 지형을 볼 때 산의 능선을 따라 분포하는 성향을 나타내는 주홍거미의 서식지는 임도와 등산로, 경운기가 다닐 수 있도록 만든 농로였다. 특히 그 지역의 서식지 대비 면적은 상당히 넓

고, 시멘트로 포장해버린 곳도 있었다. 또한 과수원과 산나물을 재배하기 위해 개간한 밭도 사라지게 하는 주된 요인의 하나였고, 대규모로 석회암을 채석하는 곳은 서식지를 통째로 파괴하고 있었다.

다. 신두리 해안사구 복원 사업으로 인한 개체수 변화

연도	2009	2010	2011	2012	2013	2014	2015	합계
개체수	4	17	22	54	43	28	11	168

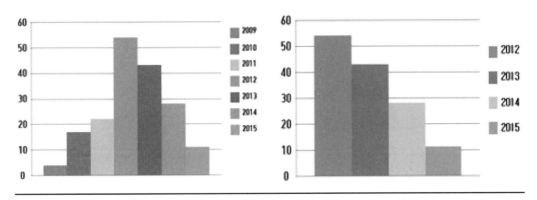

○2009년부터 2013년까지는 그 개체수가 증가하는 경향을 보이는 것은 연구를 시작하면서 그 생태를 파악할 수 있기 때문이고, 2013년 말부터는 서식지 노출로 인한 무분별한 채집과 대대적인 사구복원 사업으로 인한 서식지 파괴로 2012년과 비교할 때 이제는 그 개체수는 11개체만 서식하고 있어 79.6%가 줄어들어 들고 있어, 보호를 위한 시급한 대책이 필요하다.

라. 노출로 인한 무분별한 채집

서식지	연도	충주시 동량면
처음 개체수	2014. 8	103
현재 개체수	2015. 4	64
줄어든 비율	8개월	38.9▽

○주홍거미는 희귀하다보니 성체 한 마리가 인터넷 상에서 3~5만원에 거래되고 있는 실정이다. 그래서 서식지가 밝혀지면 성체들은 거의 사라지고, 유체들만 남아있게 된다. 이는 주거지를 보고 찾기 어렵기 때문이다. 그래서 주홍거미는 아주 소수만이 살아남는 것이다.

2. 자연적인 요인

가. 홀·짝수년형 2년 주기설에 의한 생식 능력

○국내에 주홍거미가 1종만 존재하는 근거가 되나, 2년 주기에 의한 생식 연령의 차이는 종족 보존에 매우 불리한 특성을 지니게 된다.

○따라서 한 지역의 암컷의 거주지를 누군가 채집해버리는 등의 인위적 요인이나 자연적 요인으로 죽거나 하면 종족 보존이 이루어지지 않는다.

○또한, 근친 교배에 의한 열성인자로 인해 번식력 약화를 가져오는 요인이 되리라 사료된다.

나. 홍수와 동사

○자연적인 요인 중에서 가장 중요한 것은 점점 우거져 가는 숲이 가장 큰 적으로 보인다. 숲이 우거지면서 거주지에 햇빛이 들어가지 못하기 때문에 주홍거미들은 자꾸만 우리 조상들의 묘지에서 겨우 살아남는 것 같다. 또한, 기후의 영향도 큰 요인인 것 같다. 태백시를 3번이나 샅샅이 살펴보았지만 찾지 못하였다. 또한 홍수도 자연적인 요인으로 확인되었다. 신두리 해안 사구의 저지대에 서식하던 주거지에서 세 마리가 섞여 곰팡이로 발견되기도 하였다.

○특정한 온도(연평균 기온 11~12℃ 사이에 집중 분포)와 강수량이 많은 곳(대관령, 태백, 섬진강 하류)에는 서식하지 않는 것으로 조사되었다. 자연 환경의 변화에 민감하다는 점이 소멸되는 큰 요인이지 않나 싶다.

3. 연구-5의 결론

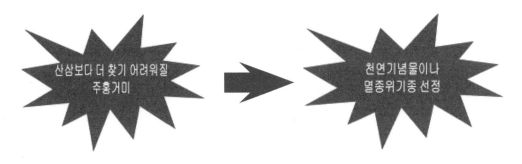

○주홍거미는 인간의 개발로 인한 서식지 파괴와 울창해진 숲 등의 자연 환경의 변화와 암수의 생식 능력 차이로 인해 사라지고 있다.

 ## 6. 주홍거미의 보전 대책 및 보호 활동

○주홍거미는 여러 지역에 분포하기는 하지만 국가차원에서 빠른 시일에 멸종위기종으로 지정되어 보호하여야 할 것으로 사료된다. 지금까지 찾은 개체수는 유체를 합쳐서 총 2532 마리로 조사되었다.

○주홍거미가 4년 동안 생장하여 성체가 되는 수는 지금까지 조사한 바 148 마리 밖에 되질 않았다.

○그래서 다음과 같이 보호 지역 선정 및 보전 방안을 제시하고자 한다.

1. 보호 지역 선정

선정 사유 및 기준

○아래 제시한 보호 지역은 그 개체수가 많은 곳으로 선정하였다. 특히 신두리 해안사구와 영월, 단양은 매우 시급할 것으로 사료된다. 신두리 해안사구는 사구 복원을 통한 관광지 개발이 진행되고 있고, 영월과 단양은 대규모로 석회암을 채석하는 곳이 아주 가까이에 위치해 있기 때문이다.

가. 최대 서식지

서식지	강원도 영월군 일대	서식지	강원도 영월군 남면 일대
개체수	1079	개체수	625

나. 지역별 보호지역 선정

서식지	강원도 평창군 평창읍 용항리	서식지	강원도 평창군 평창읍
개체수	182	개체수	212

서식지	강원도 영월군 북면 마차리	서식지	강원도 정선군 북평면 남평리
개체수	224	개체수	75

서식지	충북 제천시 고명동	서식지	강원도 홍천군 화촌면 구성포리
개체수	152	개체수	164

반경 : 230m

반경 50m
도보 0분
자전거 0분

다. 서식지 관리 방법 제시

관리 방법	○벌목: 침엽수와 키 큰 활엽수 ○억새: 군데군데 심어주기 ○거주지를 위한 식물: 잔디와 가는 잎 사초 ○출입통제기간 : 5월 초~10월 말 ○북쪽: 방풍림 조성 ○묘지: 예초기 및 농약 사용 금지 ○관리자 이동 경로: 남쪽 능선 피하기 ○채집 금지 및 체계적이고 꾸준한 홍보	

2. 홍보 및 교육 활동 자료 제작

주홍거미에 대한 홍보용 교육 자료와 보호를 위한 자료를 만들어 활동하고 있다.

특히, 선생님들 연수와 충남 노벨영재 학생들과 학부모님, 우리 학교 거미사랑 동아리 학생들, 타 학교 과학 동아리 활동 시간 등에서 주홍거미의 생태 알림과 보호를 위한 강의 자료는 아래와 같다.

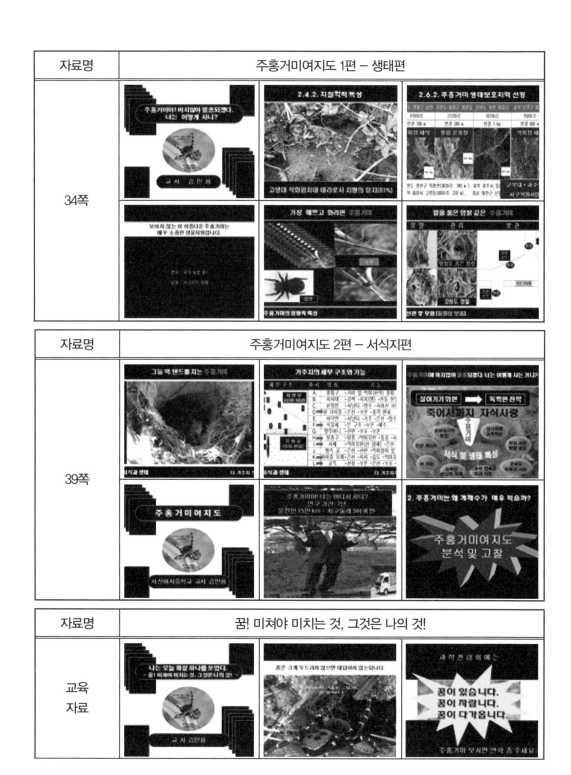

자료명	주홍거미여지도 1편 – 생태편
34쪽	

자료명	주홍거미여지도 2편 – 서식지편
39쪽	

자료명	꿈! 미쳐야 미치는 것, 그것은 나의 것!
교육 자료	

| 교육
자료 |  |  | 외 생활을 촬영하기 위해 주홍거미를 관찰하기 위해
... |

VI. 결론 및 제언

『주홍거미여지도』란 주제로 연구한 결론은 다음과 같다.

1. 연구과제에 대한 핵심 내용

○멸종위기후보종 주홍거미는 만주아구의 경계에 서식하고 있는 지표종으로서 빠른 시일 내에 멸종위기종으로 지정되어 꼭 보호되어야 한다. 7년에 걸쳐 국내 주홍거미 생태 지도인『주홍거미여지도』를 만들고자 연구내용을 정리하여 국내 최초로 다음과 같이 보고하고자 한다.

연구 개요	기간: 7년
	장소: 118개 시군의 3539지번, 15만 km
	연구 내용: 주홍거미여지도 완성 및 생태 특성 및 보전 대책

위와 같이 연구한 내용의 결과는 아래와 같다.

연구과제Ⅰ. 국내 최초 주홍거미여지도 완성에 대해서

과제1 결과	● 주홍거미 서식처: 6개 도, 20개 시·군, 36개 읍·면·동 78지번에서만 발견됨 ● 국내 총 개체수: 2532마리, 성체수: 148 마리 ● 개체수가 많은 지역: 영월, 평창, 단양, 제천, 정선 순 ● 서식 고도: 250〜350 m에 대부분 분포

연구과제Ⅱ. 주홍거미여지도를 통한 생태학적 특성 보완에 대해서

과제2 결과	● 산란 및 부화: 사구 및 평지 지형이 　　　　　　 산지 지형보다 2달 정도 빠름 ● 암수 성 결정: 마지막 탈피 전 ● 암수 수명: 수컷–2년, 암컷–4년(수명이 다름) ● 거주 위치: 야산에 있는 마을 묘지 특정한 2~4개에만 서식 ● 거주형태: 4세대가 1개체 1거주지 형태를 이루나, 　　　　　 옹기종기 모여살기

연구과제Ⅲ. 주홍거미의 개체수가 적은 이유에 대해서

과제3 결과	● 서식 지형 특성: 250~350 m에 대부분 분포, 2차 산맥과 　　　　　　　 강 주변의 야산이나 평지, 사구에 분포 ● 특이한 생태: 홀 · 짝수형 2년 주기의 생식 특성 ● 특정 지질시대: 지역에 따라 특정 지질 시대에서 발견 　　　　　　　 (고생대 오르도비스기에 다수 서식) 　　　　　　　 : 고생대 캠브리아기, 데본기, 석탄기와 　　　　　　　 중생대 삼첩기, 신생대 제 3기에서는 미서식 ● 특정 암석: 지역에 따라 특정 암석의 풍화 토양에서 서식 ● 거주형태: 4세대가 1개체 1거주지 형태를 이루고, 옹기종기 　　　　　 독립된 형태로 모여살기 ● 토양 특성: 붉은 색의 테라로사 지역에 서식 　　　　　 : 공통점–알갱이 크기가 0.25~1 mm를 중심으로
과제3 결과	작은 것과 큰 것이 대칭성을 이룸 : 물 흡수 능력–모래보다 작음, 약한 염기성

연구과제 Ⅳ. 주홍거미여지도를 통한 기후학적 특성 조사에 대해서

과제4 결과	● 연평균 등온선: 11~12 ℃ 사이에 분포 ● 일최고기온 연평균: 17~18 ℃ ● 월최고평균기온: 5~8 ℃ ● 연평균 강수량: 1200~1400 mm 사이 집중 서식 ● 산란 및 부화 적정 온도: 24~34 ℃, 습도: 62~74% ● 서식지 지하 굴의 온도: 겨울에도 영상 유지 ● 기후학적 제외 지역: 대관령, 태백, 섬진강 하류 　　　　　　　　　　　　　　(경상남도, 전라남도, 제주도)

연구과제 Ⅴ. 주홍거미의 생존을 위협하는 요인들에 대해서

과제5 결과	● 인위적 요인: 서식지 파괴(거주지, 농경지, 임도 등) ● 자연적 요인: 울창한 숲, 동사와 홍수, 수컷의 주홍색 노출 　　　　　　: 2년 주기적인 생식 특성

연구과제 Ⅵ. 주홍거미의 보전 대책 및 보호 활동에 대해서

과제6 결과	● 지역별 보호 지역 선정 : 영월 남면 및 평창 등 서식지 관리 방안 : 키 큰 침엽수와 활엽수 벌목 : 남쪽 방향 능선 훼손 금지 : 5월 초~10월 말 출입 통제 : 묘지 벌초–연 3~4회 (예초기 및 농약 금지) 지방자치단체, 국가 차원 : 대책 마련 시급 　　과제5 결과

2. 최종 결론

○"주홍거미여지도"란 주제의 본 연구의 결론은 다음과 같다.

하나
○주홍거미는 전국을 통해 인간의 서식처 파괴와 울창한 숲으로 인해, 환경으로부터 격리된 채, 매우 작은 개체수만 근근이 살아가고 있다. 그러므로 빠른 시일 내에 멸종위기종이나 천연기념물로 지정하여 보호하여야 한다.

둘
○주홍거미는 특정 지질시대, 특정 암석이 풍화된 토양, 그 중에서 석회암 지대의 테라로사 지형의 묘지에, 2년 주기의 특이한 생식 방법으로 연평균 등온선 11~12 ℃선, 연평균 강수량은 1200~1400 mm을 중심으로, 겨울에도 영상을 유지하는 땅 속에 굴을 만들어 서식하였다.

셋
○국내 최초 주홍거미 생태 지도인『주홍거미여지도』를 완성한 결과, 영월, 평창, 단양, 제천, 정선 순으로 인간의 손이 덜 탄 지역에 집중적으로 분포하고 있었고, 그 외 지역에는 극소수만이 생존하고 있었다.

3. 제언

본 연구는 다음과 같이 활용될 수 있으리라고 본다.

첫째, 주홍거미의 멸종위기종 선정에 중요한 자료가 되리라 생각한다.

둘째, 환경 지표 민감 종으로써 주홍거미의 서식과 생태를 연구하는 사람들에게는 밑거름이 되는 중요한 자료로 활용될 것이다.

셋째, 주홍거미의 종 보전과 보호를 위한 홍보 및 교육 자료로 많은 활용도 기대된다.

Ⅶ. 남은 기간 보완하고 싶은 점

○주홍거미 분포 지역의 토양과 유전자 분석을 하지 못해 아쉬움이 남는다. 그리고 아직 탐사를 못한 지역을 계속해서 탐사해 나갈 것이다.

○또한 지질학적 및 기후학적 특성으로 볼 때, 제주도는 지금까지 연구한 서식지 특성과 거리가 있는 지역이라 발견될 가능성이 아주 희박하지만 이후에 꼭 확인할 예정이다.

○지금까지의 자료들을 통해 아래와 같은 프로그램을 만들어 좀 더 과학적이고, 체계적인 연구가 될 수 있도록 방향을 제시하고 있다.

주홍거미 서식 조건	
1	○ 주홍거미가 원래 사는 지역이어야 한다.
2	○ 본 연구의 지질학적 환경 조건을 만족해야 한다.
3	○ 본 연구의 기후학적 환경 조건을 만족해야 한다.
4	○ 본 연구의 생물학적 환경 조건을 만족해야 한다.
5	○ 인간의 개발로부터 보호된 곳이어야 한다.

▽

(②한국지질연구원 5만지질도)+(③기상청 30년 평균자료)+(④+⑤위성지도)

▽

예상 주홍거미 서식지 프로그램

▽

①(답사 후 서식지 확정)

Ⅷ. 후기

○'주홍거미의 무엇이 이토록 연구자의 가슴을 뛰게 하였을까!'를 생각해보면 그냥 우리 후손들에게 이 아름다운 거미를 남겨주고 싶은 마음에서 출발하였는데, 벌써 7년이 되어간다. 지구의 크기 측정하는 방법을 가르치다가 주홍거미를 찾아 운전거리만 15만 km로 지구 세 바퀴 반을 돌았다는 것에 스스로 깜짝 놀랐다. 얼마나 많은 묘지들을 찾아 헤맸는지 모르겠다.

여기까지 온 것에만도 강한 자부심을 느낀다. 신두리 해안사구를 제외하고는 이 연구에 보고한 서식지들은 모두 국내 최초이기 때문이다.

○자가용을 타고 다니고, 위성 지도로 분석할 수도 있는 현대에서도 전국을 확인하기도 이리도 힘든데『대동여지도』를 만든 김정호 선생님이 정말로 위대해 보였다. 그래서 주홍거미 생태 지도를『김만용의 주홍거미여지도』라 칭하고자 하였다.

○메일에 답을 주신 분들과 충주의 거미를 사랑하는 학생들에게 가슴 깊이 진심으로 감사함을 표하고 싶다.

*부록 : 국내 최초 주홍거미여지도 완성본

순서	도	시, 군	해발고도 (m)	개체	성체	지질시대	대표암석
1	강원도	강릉시	9.45 9.00	4	1	신생대 제 4기	역, 사, 점토, 이토
2	강원도	삼척시	57.51	9	1	신생대 제 4기	흙, 모래, 자갈
3	강원도	영월군	246.75	2	1	시대 미상	암회색 돌로마이트질 석회암
4	강원도	영월군	307.12	56	1	고생대 오르도비스기	백색 내지 회색 돌로마이트
5	강원도	영월군	306.35	39	1	고생대 오르도비스기	담회색 돌로마이트
6	강원도	영월군	306.14	83	4	고생대 오르도비스기	담회색 돌로마이트
7	강원도	영월군	319.42	4	1	고생대 오르도비스기	담회색 돌로마이트
8	강원도	영월군	323.11	57	2	고생대 오르도비스기	담회색 돌로마이트
9	강원도	영월군	325.68	108	4	고생대 오르도비스기	담회색 돌로마이트
10	강원도	영월군	290.97	34	1	고생대 오르도비스기	담회색 돌로마이트
11	강원도	영월군	243.35	2	1	고생대 오르도비스기	암회색 및 중식석회함
12	강원도	영월군	258.28	2	1	고생대 오르도비스기	담회색 돌로마이트
13	강원도	영월군	311.64	13	1	고생대 오르도비스기	백색 내지 회색 돌로마이트
14	강원도	영월군	283.14 286.44	126	6	고생대 오르도비스기	백색 내지 회색 돌로마이트

순서	도	시, 군	해발고도 (m)	개체	성체	지질시대	대표암석
15	강원도	영월군	294.82	87	3	고생대 오르도비스기	백색 내지 회색 돌로마이트
16	강원도	영월군	305.15	12	1	고생대 오르도비스기	백색 내지 회색 돌로마이트
17	강원도	영월군	325.17	15	1	고생대 오르도비스기	암회색 및 중식석회암
18	강원도	영월군	318.21	23	2	고생대 오르도비스기	담회색 돌로마이트
19	강원도	영월군	278.67	32	1	고생대 오르도비스기	담회색 돌로마이트질 석회암
20	강원도	영월군	306.47	25	2	고생대 오르도비스기	담회색 돌로마이트
21	강원도	영월군	283.66	129	4	고생대 오르도비스기	담회색 돌로마이트
22	강원도	영월군	280.71	2	1	고생대 오르도비스기	담회색 돌로마이트질 석회암
23	강원도	영월군	220.38	47	2	고생대 오르도비스기	담회색 돌로마이트
24	강원도	영월군	282.14	2	1	고생대 오르도비스기	백색 석회암 및 돌로마이트 박종의 천매암 및 편암 형재
25	강원도	영월군	322.76	111	4	고생대 오르도비스기	회색 석회암
26	강원도	영월군	318.93	2	1	고생대 오르도비스기	담회색 돌로마이트
27	강원도	영월군	287.93	34	2	고생대 오르도비스기	담회색 돌로마이트
28	강원도	영월군	294.66	34	4	고생대 오르도비스기	회색 석회암

순서	도	시, 군	해발고도 (m)	개체	성체	지질시대	대표암석
29	강원도	원주시	187.70	16	2	중생대 쥬라기	검정찰흙운모화강암
30	강원도	정성군	367.73	75	1	고생대 오르도비스기	암회색 담회색 갈색, 담홍색 석회암, 암회색셔일, 백색규암
31	강원도	정성군	415.80	21	1	고생대 페름기	흑색셔일, 사암, 암회색셔일, 사암, 탄질셔일, 암회색사질셔일, 암회색석회암, 무연탄
32	강원도	춘천시	96.80	5	2	중생대 쥬라기	흑운모화강암(준천화강암)
33	강원도	평창군	342.61 340.00	182	8	고생대 오르도비스기	유백색, 회색 석회암, 회색 셔일 사암
34	강원도	평창군	310.86 311.1 324.95	105	3	중생대 쥬라기	각섬석, 흑운모, 화강암
35	강원도	평창군	584.88	22	10	중생대 쥬라기	임계화강암
36	강원도	평창군	295.29	107	3	중생대 쥬라기	각섬석, 흑운모, 화강암
37	강원도	풍천군	149.21	21	4	신생대 제4기	역, 사, 점토
38	강원도	풍천군	148.29	164	5	신생대 제4기	역암, 사암, 점토
39	경기도	포천시	102.91	2	1	신생대 제4기	흑운모화강암
40	경북	경주시	90.51	4	1	중생대 백악기	안산반암, 각력질안산암 및 안산암
41	경북	경주시	573.65	27	3	중생대 백악기	안산반암, 각력질안산암 및 안산암
42	경북	군위군	170.61 177.69	2	1	중생대 백악기	자색 녹색 회색 실트스톤, 알코스사암
43	경북	군위군	120.44	11	1	중생대 백악기	사암 자색 셔일 및 역암
44	경북	문경시	188.69 186.84	57	3	시대 미상	회록색셔일, 회색 흑색 셔일, 유백색조림사암, 석회암 및 무연탄중협재

순서	도	시, 군	해발고도 (m)	개체	성체	지질시대	대표암석
45	경북	문경시	180.87	24	1	신생대 제4기	역, 사, 이토
46	경북	문경시	234.21	21	2	고생대 오르도비스기	판상괴상석회암
47	경북	안동시	106.36	16	1	시대 미상	각섬암
48	경북	울진군	14.21	1	1	신생대 제4기	역, 사, 점토 및 각력
49	인천시	강화군	43.20	2	1	선캄브리아기	석염핀암
50	충남	서천군	18.32	2	2	선캄브리아기	회강편마암, 중입편마암 칭 안구상편마암
51	충남	서천군	29.17	2	2	선캄브리아기	회강편마암, 중입편마암 칭 안구상편마암
52	충남	태안군	10.32 14.95 11.25 7.39	11	4	신생대 제4기	흙, 모래, 자갈
53	충북	단양군	210.27	5	1	고생대 오르도비스기	백색 내지 회색 돌로마이트
54	충북	단양군	207.44	1		고생대 오르도비스기	백색 내지 회색 돌로마이트
55	충북	단양군	297.62	56	5	고생대 오르도비스기	백색 내지 회색 돌로마이트
56	충북	단양군	353.06	3	1	고생대 오르도비스기	백색 내지 회색 돌로마이트
57	충북	단양군	231.19	14	1	시대 미상	고섬석회암종
58	충북	단양군	229.66	9	1	고생대 오르도비스기	주로 담회색 돌로마이트
59	충북	단양군	225.79 242.12 232.68	159	5	고생대 오르도비스기	백색 내지 회색 돌로마이트

순서	도	시, 군	해발고도 (m)	개체	성체	지질시대	대표암석
60	충북	제천시	266.29	152	2	중생대 백악기	흑운모화강암
61	충북	제천시	204.50	38	2	중생대 백악기	흑운모화강암
62	충북	제천시	267.54	18	1	고생대 오르도비스기	담회색 돌로마이트
63	충북	제천시	261.61	6	4	중생대 백악기	흑운모화강암
64	충북	충주시	94.71 96.86	64	6	중생대 쥬라기	흑운모화강암
65	충북	충주시	103.72	13	1	중생대 쥬라기	흑운모화강암

※ 상세주소와 위도 및 경도는 조사가 되었으나 주홍거미의 보호를 위해서 미공개한다.